AF315419

NOUVELLE CULTURE

Théorique et Pratique

DE LA

VIGNE EN CHEINTRES

PAR

J. LHERISSIER ET I. DOUBLET

Prix : 3 francs

TOURS

IMPRIMERIE ET LITHOGRAPHIE JULIOT
53 — Rue Royale — 53

1878

EN VENTE CHEZ LES DEUX AUTEURS
A Chissay, par Montrichard (Loir-et-Cher)

ERRATA

Page 5, ligne 20, au lieu de « Les Vignes en cheintres,... » lire « Les Vignes en *chaintres*.... »

Page 6, ligne 4, au lieu de « comme aux treillous,... » lire « comme *les* treillons.... »

Page 6, ligne 12, au lieu de « .... sur châssis des Hautes-Pyrénées, des Basses-Pyrénées,... » lire « sur châssis des *Hautes et Basses-Pyrénées* ... »

Page 6, ligne 14, au lieu de « En présence des vignes en cheintre,... » lire « En présence des vignes en *chaintres*.... »

Page 25, ligne 9, au lieu de « .... l'auvergnat blanc,... » lire *l'auvernat* blanc.... »

NOUVELLE CULTURE

Théorique et Pratique

DE LA

VIGNE EN CHEINTRES

PAR

J. LHERISSIER ET I. DOUBLET

Prix : 3 francs

TOURS

IMPRIMERIE ET LITHOGRAPHIE JULIOT

53 — Rue Royale — 53

1878

EN VENTE CHEZ LES DEUX AUTEURS

A Chissay, par Montrichard (Loir-et-Cher).

INTRODUCTION

Si nous faisons paraître ce petit ouvrage, c'est pour répondre aux sollicitations d'un grand nombre de propriétaires vignerons qui s'intéressent à la nouvelle culture de la vigne en cheintres (1). Il était préparé depuis longtemps et devait paraître en 1875, mais des raisons de convenances nous avaient déterminés à en ajourner la publication, sans discontinuer de le revoir et de le corriger, pour y introduire le résultat des nouvelles expériences faites jusqu'à ce jour.

Ses auteurs ne sont ni des savants, ni des écrivains: c'est dire que notre instruction est insuffisante pour écrire un livre; mais pour nous, le style n'est rien; notre but est seulement de faire un livre utile et pratique.

Celui qui en a fait le texte est tout simplement un petit propriétaire vigneron, travaillant à la vigne, de ses mains, depuis plus de quarante années, et notamment au perfectionnement de sa culture en cheintres, depuis plus de vingt-cinq ans.

Celui qui a dessiné les figures est un horticulteur laborieux, mais très-bien familiarisé avec toute l'espèce végétale. C'est dire que nous sommes tous les deux du métier.

Pour donner plus de brillant et plus de relief à notre œuvre, nous aurions pu, comme certains auteurs, aller grapiller dans les

(1) Voir l'explication de ce mot, chap. 1er, page 6.

ouvrages de tout le monde ; en extraire quelques beaux passages ou quelques belles gravures ; avec un peu de latin, il n'en fallait pas davantage pour attirer toute l'attention des grands viticulteurs de cabinet, et notre brochure aurait fait son chemin ; mais c'eût été de la compilation et, en même temps, une fausse donnée.

Pour nous qui ne poursuivons ni primes, ni médailles, le solide vaut mieux que le brillant, comme la pratique vaut mieux que la théorie.

Notre petit ouvrage a été préparé au pied du cep ; il est le récit fidèle d'une longue suite d'observations et d'expériences pratiques, faites sur le terrain même et souvent rectifiées, quand les résultats n'étaient pas satisfaisants, pour arriver au perfectionnement de cette nouvelle culture qui, à son début, n'était encore qu'un gâchis inexplicable et incompréhensible, tandis qu'aujourd'hui elle peut être admise par tous les viticulteurs sérieux. La plantation est faite avec précision ; la taille est plus simple et mieux raisonnée, tandis que la forme du cépage comme celle de la cheintre représentent une figure que tout le monde peut reconnaître et qui permet à la charrue de passer à peu près partout.

On nous dira peut-être que nos expériences n'ont pas été faites sur une grande échelle. En effet, nous n'avions, à notre disposition, ni la contenance de terrain nécessaire, ni la qualité du sol ; car nos terrains sont épuisés par d'anciennes cultures de vigne, et la gelée printanière détruit souvent dans une seule nuit toutes les combinaisons et le travail d'une année entière ; ce qui rendait notre tâche d'autant plus difficile et nos expériences beaucoup plus coûteuses.

Mais si on voulait se rendre compte du perfectionnement de cette nouvelle méthode et de ses bons résultats, on n'aurait qu'à visiter les belles cultures de M. le marquis de Ferrières-le-Vayer, qui sont faites sur des terrains neufs, et dirigées, sous différentes formes, avec les mêmes principes : elles offrent toutes les facilités de culture et ne laissent rien à désirer sous le rapport de la production.

Pour rendre notre petit travail plus intelligible, nous l'avons divisé en douze chapitres, placés par rang d'ordre, en suivant la méthode élémentaire et la marche périodique des travaux annuels de la culture ; ce qui permet aussi de trouver instantanément l'objet qu'on cherche, sans avoir besoin de parcourir l'ouvrage entier.

Le premier chapitre contient un résumé historique et économique sur l'ensemble général de la culture de Chissay, petite commune d'environ 1,100 habitants, située sur la rive droite du Cher, canton de Montrichard (Loir-et-Cher), d'où est parti le principe de la taille longue et rampante.

Le deuxième chapitre est un préliminaire de connaissances utiles sur les tendances naturelles de la vigne, pour justifier le principe de sa culture en cheintres.

Le troisième traite la question du principe et de la forme, au point de vue des facilités de culture.

Tous les autres chapitres, à l'exception du dernier, contiennent les notions élémentaires sur la plantation ; la taille et l'ébourgeonnement ; la forme et la direction des cheintres ; le détournement du cépage ; la culture à la charrue ; les engrais et amendements ; le relevage des verges à fruits et la transformation des vignes pleines en cheintres.

Chaque opération est précédée ou suivie d'observations préparatoires ou complémentaires, qui en expliquent le but et le pourquoi, tout en donnant par le texte et par le dessin la mesure et la forme pour arriver plus facilement aux résultats, tandis que le dernier chapitre en résume toute l'économie, au double point de vue du travail et de la production.

Dans le domaine des grandes cultures, c'est peut-être celle de la vigne qui avait fait le moins de progrès depuis son introduction dans nos contrées, et surtout depuis plusieurs siècles. Toutes les autres branches agricoles étaient encouragées et dirigées par des hommes plus éclairés, tandis que la culture de la vigne était toujours restée entre les mains du simple vigneron, qui était alors trop peu intelligent pour chercher à lui faire produire davantage, soit par des engrais soit par de nouveaux procédés de culture.

Faut-il lui en faire un crime? Non, pas plus qu'à l'ancien régime; car tous les progrès sont enchaînés par le temps et ne peuvent marcher qu'avec le temps : donc, la prospérité de cette grande industrie, comme celle de tant d'autres, dépendait encore d'une découverte inattendue : la vapeur.

Si la production de la vigne avait été ce qu'elle est aujourd'hui, qu'aurait-on fait de son vin ? il n'y avait alors ni débouchés, ni exportation, ni routes, ni chemins de fer. La batellerie des rivières était insuffisante et pas assez expéditive pour répondre à tous les besoins, on pouvait donc mourir de faim avec son vin dans sa cave, et, avant de boire, il fallait manger pour vivre. On négligeait la culture de la vigne pour faire produire du pain et de la viande, comme aliments de première nécessité.

Mais, depuis trente ans, la vapeur a changé la face du monde, tous nos vignobles sont traversés par des chemins de fer, et la vapeur entraîne nos vins sur tous les points du globe, aussi, la culture de la vigne a déjà fait un grand pas dans la voie du progrès, mais la philosophie des vignerons n'a pas encore dit son dernier mot, si avec sa nouvelle culture en cheintres la vigne peut échapper au phylloxera et à toutes les maladies contagieuses qui menacent de la détruire, elle sera bientôt l'une des sources les plus riches de l'agriculture, qui se répandra toujours en pluie de bienfaits, non-seulement sur le commerce, mais sur toutes les autres industries.

LA CULTURE DE CHISSAY

OU

L'ÉCONOMIE DE LA CULTURE EN CHEINTRES

SUR LA CULTURE EN PLEIN

———

I.

La culture de la vigne en cheintres, telle qu'on la pratique à Chissay, n'est pas seulement une simple innovation; c'est tout une révolution viticole dont le principe est affirmé par plus de trente années d'expérience pratique; c'est la méthode la plus naturelle, la plus simple et la plus économique; au point de vue rationnel comme au point de vue pratique; elle répond à tous les besoins de notre temps.

Lorsqu'en 1865, le savant viticulteur, le regretté docteur Jules Guyot vint remplir sa mission ministérielle dans le département de Loir-et-Cher, il n'oublia pas la culture de Chissay qui lui avait été signalée par l'excellent M. de Gourcy, l'intrépide voyageur agricole, qui avait déjà fait la légende du père Denis de Beaune.

A son arrivée, il fut assisté par M. Rance et par M. de Ferrière, qui lui firent les honneurs de notre petit vignoble, et comme c'était à la veille de l'ouverture des vendanges, le savant docteur a pu se rendre compte de l'ensemble de cette culture et de ces résultats. Aussi, dans son rapprt au ministre, il se crut obligé d'en faire une mention toute spéciale, que nous citons textuellement pour ne point en altérer la valeur.

« Les vignes en cheintres ou à chaînes traînantes sont, je crois, le dernier mot de la philosophie de la végétation, de la fécondité et de la longévité de la vigne, dont elles offrent la plus haute expression, avec les treilles, dont elles atteignent les dimensions et dont elles ont les bras longs et multipliés; seulement, au lieu de porter des coursons comme les treilles à la Thomery, ce sont de longues et nombreuses verges qu'elles portent, comme aux treillons de la Savoie et de l'Isère. En outre, au lieu de s'étaler contre des murailles ou d'être soutenues en l'air par des treillages dispendieux d'établissement et d'entretien, elles s'étalent librement sur la terre nue et nettoyée de toutes herbes par les labours et hersages. C'est la terre qui leur sert d'espalier au lieu des murailles, et qui leur réfléchit la chaleur, condition de perfection du fruit bien supérieure à l'isolement dans l'air, comme les treilles et treillons de la Savoie et de l'Isère, comme les treilles sur arbres ou sur châssis des Hautes-Pyrénées, des Basses-Pyrénées, d'Évian, de Celles, en Dordogne, et d'autres pays.

« En présence des vignes en cheintre, je ne sais plus comment exprimer, même par le dessin, le développement d'un cep, la splendeur de sa végétation et surtout de sa fructification. »

Nous nous permettrons une petite rectification sur l'origine du mot *cheintre,* et sur l'interprétation de *Chaînes traînantes,* que lui donne le docteur Guyot dans son rapport.

Le mot *cheintre* n'est pas exclusivement d'origine locale, et il ne date pas seulement du jour de l'innovation de la taille traînante, comme le savant docteur l'a donné à entendre : il est beaucoup plus ancien, et c'est la raison pourquoi il n'a pu tirer son origine de la taille traînante, puisqu'elle n'existe à Chissay que depuis trente et quelques années, tandis que le mot cheintre est peut-être aussi vieux que la langue française. Ainsi l'interprétation de chaînes traînantes tombe d'elle-même. On se servait autrefois du mot cheintre, et on s'en sert encore à Chissay et dans toutes les localités voisines pour désigner différentes choses, exemple : le laboureur, pour désigner une petite bande de terrain qu'on laisse dans le bout d'une pièce de terre pour le tournant de la charrue; mais, comme cela n'a rien de commun avec notre plantation par cheintre, nous poursuivons nos recherches plus loin, et nous trouvons sa véritable étymologie sur nos vieux contrats.

On se servait autrefois du mot cheintre pour désigner une pièce de terrain qui n'était pas entièrement de même nature, et alors on disait : Une pièce de terre avec une cheintre de pré ; une pièce de pré entourée d'une cheintre de bois ; ou bien une pièce de terre avec une ou plusieurs cheintres de vignes, etc., et comme ces nouvelles plantations se font dans les terres, et qu'elles n'occupent pas toujours la totalité du terrain, ou sont suceptibles d'être entrecoupées par d'autres cultures, on leur a donné le nom de cheintres que nous conservons avec son orthographe étimologique, qui s'accorde parfaitement avec la prononciation du mot.

L'innovation de cette nouvelle culture avec sa taille longue et rampante n'appartient ni à la théorie, ni à la science, le mouvement est parti d'en bas, et peut-être par un effet du hasard, comme la plupart des découvertes utiles.

C'est au père Denis de Beaune qu'on doit l'innovation de la taille longue et rampante ; la plantation de la vigne en cheintres était connue et pratiquée à Chissay et dans plusieurs localités voisines, depuis déjà bien longtemps, mais personne, avant le père Denis, ne s'était encore avisé de laisser ramper son bois sur l'espace vide qui se trouvait entre les cheintres, et qui était toujours réservé pour d'autres cultures.

Ces plantations n'avaient rien de ressemblant avec celles d'aujourd'hui ; elles se composaient de trois ou quatre rangs de vignes très-rapprochés les uns des autres ; on laissait entre chaque cheintre une largeur de terre labourable à peu près égale à celle de la plantation qui donnait de la nourriture à la vigne et permettait d'approcher les engrais avec une voiture, la taille se faisait comme dans les vignes plantées en plein, sans aucun développement, aussi les deux rangs plantés sur la lisière donnaient des pousses trop vigoureuses pour avoir du fruit : c'est probablement ce qui donna l'idée au père Denis de laisser traîner le bois sur la terre et d'aller chercher ses verges à fruits à l'extrémité des rameaux ; ce qui ne tarda pas à lui donner de grands traîneaux et beaucoup de verges à fruits.

Ce jour-là, le père Denis avait touché la pierre philosophale et, pour nous servir d'une expression plus vulgaire, il avait découvert la source du vin, ou plutôt le filon qui, après trente années d'expérience et d'exploitation pratique, devait donner tant d'or à la commune de Chissay.

Pendant les dix premières années de cette innovation, le père Denis à peu près seul poursuivait son œuvre, malgré les plaisanteries, les sarcasmes et les mauvais présages qui lui arrivaient de toutes parts; tout le monde lui prédisait qu'avant dix ans ses vignes seraient complètement ruinées avec une pareille taille; aussi personne n'osait le suivre dans sa routine improvisée, avant d'en avoir connu les résultats; mais, vers la fin de ces dix années d'obstination et d'hésitation, chacun commençait à dire tout bas que le père Denis était un de ceux qui récoltaient le plus de vin dans la commune de Chissay, et que ses vignes n'étaient pas plus ruinées que celles des autres.

La lumière s'était faite, la routine était vaincue par le progrès, et, à partir de ce jour, chacun a compris que le fond du principe était bon, et la méthode a été adoptée à peu près par tout le monde, mais avec bien des modifications, bien des perfectionnements dans la plantation, dans la taille, dans la forme du cépage et dans la direction des cheintres; transformation absolument nécessaire, pour la rendre pratique et la faire adopter par le pays.

Au point de vue rationnel comme au point de vue pratique, la culture en cheintres est la plus naturelle, parce qu'elle se prête, par le grand développement qu'on donne au cépage, à toutes les tendances naturelles de la vigne, et ensuite parce qu'elle a beaucoup de rapport avec son arborescence vagabonde et envahissante dont on peut tirer bon profit, par une taille longue et bien développée qui rend toujours la vigne plus fertile, la préserve souvent de la coulure et la rend plus productive par la surabondance de ses fruits, tout en offrant l'avantage de pouvoir la cultiver à la charrue.

Elle est encore la plus simple et la plus économique, parce qu'elle n'a rien de commun avec toutes ces cultures de luxe et de fantaisie, qui sont bien un véritable progrès sur l'ancienne culture de la vigne, mais qui, tout en donnant d'excellents résultats, ont toujours le défaut d'être trop compliquées et surtout trop coûteuses d'entretien. Elle est aussi la plus simple et la plus économique, parce qu'elle n'exige pas autant de dispositions préparatoires, ni d'avances pécuniaires que la vigne plantée en plein; par exemple, si nous plantons un hectare de vigne en plein, en outre de tous les frais de plantation qui sont plus dispendieux, nous sommes obligés de payer la façon pendant au moins quatre ans sans récolter de vin.

Si, au contraire, nous plantons un hectare de vigne en cheintre, les frais de plantation sont moins dispendieux et nous récoltons dans nos cheintres pendant quatre ans plus qu'il ne faut pour payer la façon; ce qui permet à un vigneron de vivre dans sa vigne pendant quatre ans, sans récolter de vin. Les cultures tercalaires peuvent suffire à ses besoins et lui donner le temps d'attendre que sa vigne soit en âge de rapporter.

Pour rendre notre comparaison plus intelligible, il serait peut-être bon d'expliquer les deux systèmes de plantation. Faire une plantation en plein, c'est couvrir de jeunes ceps toute la superficie d'un terrain en les plantant à une égale distance les uns des autres, environ deux mètres; ce qui représente à peu près deux mille cinq cents ceps à l'hectare. (Autrefois on en comptait jusqu'à huit à dix mille.) A partir du jour de la plantation, toute la contenance du terrain étant occupée par la vigne, il devient impossible de lui faire produire autre chose en attendant que les jeunes ceps soient en âge de pouvoir donner leurs premiers fruits.

La plantation en cheintres se fait tout autrement; on trace sur son terrain des lignes longitudinales espacées entre elles d'environ cinq mètres, sur lesquelles on plante les jeunes ceps (chevelus) à deux mètres environ les uns des autres, ce qui ne représente que mille ceps à l'hectare, au lieu de deux mille cinq cents. Sur cinq mètres de largeur qu'il y a entre chaque rang de vigne, un mètre suffit pour élever la vigne jusqu'à l'âge de quatre ans, trop jeune encore pour donner du raisin et couvrir de son bois tout l'espace qui lui est réservé pour plus tard. Les quatre mètres qui restent inoccupés sont cultivés comme terre pendant quatre ans au moins et produisent des céréales, des pommes de terre, ou autres choses qui peuvent couvrir tous les frais de culture, et même quelquefois une partie de ceux de la plantation.

Si ce mode de plantation donne la première économie qu'on peut tirer de cette culture, en réduisant le nombre des cépages qui diminue d'autant les frais de plantation, en faisant produire des cultures intercalaires, jusqu'à ce que la jeune vigne soit en âge de produire des fruits, elle n'est pas la seule; quand la vigne avec cette plantation est en plein rapport, le propriétaire peut faire presque toute la culture à la charrue. Si la plantation a été faite avec précision et la première taille bien combinée avec la direction du cépage, la charrue ne laissera sur la ligne des ceps qu'une petite *sillée* qu'elle peut réduire jusqu'à vingt-cinq centimètres, les rangs étant espacés de cinq mètres; ce qui nous donne à l'hectare quatre-vingt-quinze ares de culture à la charrue et cinq ares au pic, et cette dernière est bien coulante et bien facile à faire, d'autant plus que la petite sillée a été dérivée des deux côtés par la charrue; mais comme toutes les plantations ne sont pas toujours faites avec précision et que la première taille n'est pas toujours bien donnée, ni le cépage bien dirigé, au lieu de ne laisser que vingt-cinq centimètres, la charrue laisse quelquefois un mètre pour le pic, dans toutes les plantations mal faites seulement.

En établissant la moyenne sur une plantation qui n'est ni bien ni mal faite, il en résulte que la largeur de la sillée que la charrue laisse au pic ne dépasse pas cinquante centimètres, ce qui présente à l'hectare, sur une plantation de cinq mètres entre les rangs, quatre-vingt-dix ares de culture à la charrue et dix ares au pic.

Un propriétaire qui a dix hectares de vignes plantées en cheintres n'a donc qu'un hectare à faire cultiver au pic, et encore cette façon n'est utile que pour détruire les mauvaises herbes et pour la propreté de la culture, car c'est la charrue qui donne tout le guéret sur la racine de la vigne.

Comme on le voit, la charrue peut jouer un grand rôle économique dans cette culture, la vigne est mieux cultivée par la charrue que par le pic qui ne fait qu'écorcher la terre, tandis que la charrue est plus consciencieuse, elle la verse et la défonce; le travail se fait plus vite et il est bien mieux fait. La culture à la charrue coûte moins cher que la culture au pic.

Si on veut donner une fumure à la vigne, la charrue se charge
d'enfouir le fumier, tout en donnant sa dernière façon, tandis
qu'avec le pic, c'est un travail à part et des frais supplémentaires.

Si les vignerons deviennent trop exigeants et nous font défaut, la charrue ne nous manquera jamais, et la petite part de
culture qu'elle laisse au pic peut être remise pour un moment où
les bras sont moins rares et les prix moins élevés; enfin elle est un
bienfait humanitaire puisqu'elle ménage les bras de l'homme,
car il ne faut pas se le dissimuler, piocher la vigne au pic c'est le
plus rude de tous les métiers.

Après la charrue, la herse vient briser les mottes et déraciner
les herbes qu'elle n'a fait que verser, ce qui rend la culture aussi
parfaite que dans un champ destiné à faire des céréales ou
d'autres cultures.

Dans les plantations faites en plein, la voiture dépose les engrais
auprès de la vigne pour y être portés plus tard à la hotte ou con-
duits par des barossières, ce qui double les frais de transport,
tandis que, dans les plantations en cheintres, la voiture peut conduire tous les engrais entre chaque rang de vigne jusqu'au pied
du cep, il n'y a plus qu'à les répandre à la pelle ou à la fourche
sur toute la superficie du terrain; la charrue fait le reste, et
comme les plantations en cheintres exigent beaucoup moins d'engrais que celles en plein, à cause de la grande étendue de terrain
qu'on laisse à chaque cep pour le nourrir, il en résulte une économie considérable sur les engrais comme sur la main-d'œuvre.

Pour préparer le passage de la charrue ou celui de la voiture,
une petite opération peu coûteuse suffit, c'est le détournement du
cépage qu'on fait passer d'une cheintre sur l'autre, en le faisant
pivoter sur sa souche et à toutes les deux cheintres, l'une d'elles
reçoit tout le bois des deux, pendant que la charrue ou la voiture
fait son ouvrage : dans une plantation bien faite une femme seule
peut très-bien fournir une charrue, détourner et replacer le bois.

Plantée en cheintres dans un terrain neuf, la vigne se contente
de peu, pourvu qu'on laisse à chaque cep l'espace de terrain qui
lui est nécessaire pour vivre : ses racines parcourent le sous-sol,
tandis que la charpente de son cépage avec ses verges à fruits

en couvrent toute la superficie. La terre est son point d'appui ; elle n'a besoin ni de fil de fer ni d'échalas ; elle se contente de petites fourchettes pour relever son fruit, depuis la fleur jusqu'à la maturité du raisin et qui lui servent encore a relever son cépage au mois d'avril et au mois de mai, pour préserver ses jeunes bourgeons de la gelée printanière.

Autrefois on ne plantait la vigne que sur les coteaux bien exposés au soleil et surtout dans les terrains chauds ; avec cette nouvelle culture la vigne vient un peu partout, même dans les terrains froids et humides ; les rayons du soleil pénètrent plus facilement et réchauffent le sol, ce qui favorise la racine et accélère la maturation du fruit qui a la terre pour réflecteur immédiat. Entre les cheintres l'air circule librement, fortifie toute la végétation et lui fait prendre un certain développement. Plantée en plein dans un terrain froid et humide, la racine croupit au pied du cep, les bourgeons végètent à peine, et le raisin mûrit difficilement.

Planter la vigne en cheintres et la cultiver à la charrue est d'une économie incontestable ; mais il reste une partie du problème à résoudre pour compléter cette culture, c'est la question de la taille, la charrue fait les façons de terre, mais elle ne peut pas tailler la vigne.

Dans les plantations pleines, le vignoble est divisé par closeries de deux ou trois hectares, le closier se charge de tailler, de marer, de remarer et de rabattre les vignes, à raison de tant l'hectare ; le propriétaire ne s'en occupe plus, sauf pour la fumure, l'abaissement des verges, le relèvement du fruit et les vendanges, etc.

Avec des plantations en cheintres, pour le propriétaire qui ne fait pas par lui-même, c'est une organisation nouvelle pour la distribution du travail que nous examinerons un peu plus loin.

Pour le propriétaire vigneron, ce n'est qu'une transformation favorable qui n'apporte aucun changement dans l'organisation de sa culture, puisqu'il taille sa vigne lui-même, et au lieu de la marer au pic, il la laboure à la charrue.

A Chissay, tous les propriétaires vignerons ayant des plantations de vignes en cheintres sont organisés et outillés de la manière suivante : chaque propriétaire vigneron (et même presque tous, possède un cheval, une voiture, un tombereau, une charrue, une paire de herse, en un mot, tous les instruments aratoires d'une petite culture, et qui sont indispensables pour un propriétaire qui possède des terres et des vignes, et surtout des vignes en cheintres.

Le cheval est le grand moteur de cette petite organisation agrico-viticole, qui ne demande à l'agriculture que le strict nécessaire : les terres produisent du blé pour nourrir la famille, de l'avoine et du fourrage pour le cheval, qui fait du fumier avec les pailles pour engraisser les terres et les vignes. En outre de cette petite emblavure qui se termine toujours à l'automne par la *couvraille* des blés, le cheval est occupé à conduire des engrais et surtout des terres dans les cheintres, comme amendement pour recharger les terrains dont le sol est trop maigre ou qui manque de profondeur, mais quand la terre est détrempée par les pluies d'automne, ce travail n'est plus possible, le propriétaire vigneron prend la serpe et taille ses vignes. Quand le temps est doux, il bat son grain ; quand il est trop froid, et si la terre gèle, il en profite pour conduire des amendements dans ses vignes. Au mois de mars le cheval reprend son rôle en commençant par la petite emblavure d'avoine et ensuite par le premier labour que l'on donne aux vignes plantées en cheintres.

Dans certains terrains, ces travaux sont bien pénibles pour un cheval, ils ne peuvent être faits que par petites bordées entre lesquelles le propriétaire vigneron s'occupe à marer ou à faire marer au pic ce que la charrue n'a pu atteindre sur la ligne de plantation. Cette première façon terminée, on replace le corps du cep et ses verges à fruits sur le terrain labouré, en attendant la seconde et dernière façon qui se donne toujours, si le temps le permet, un peu avant la floraison de la vigne, de manière que toutes les verges à fruits se trouvent bien étalées sur le guéret frais pendant la floraison, pour ne plus être dérangées de leur place qu'après la récolte.

En outre de tous les petits charrois dont on a besoin dans le courant de l'année, au moment des vendanges le cheval est encore chargé de suivre le vendangeur dans les vignes avec la voiture garnie de futailles pour recevoir le raisin et le conduire au pressoir. Plus tard, quand le vin est fait et qu'il est devenu transportable, c'est encore lui qui est chargé de le conduire à la gare du chemin de fer, car, à Chissay, la plupart des propriétaires vignerons expédient leurs vins sur Paris, et un certain nombre d'entre eux ne se gênent pas d'y aller passer huit à quinze jours pour en surveiller la vente.

Telle est ainsi l'organisation du petit propriétaire vigneron faisant tout par lui-même et récoltant un peu de tout pour les besoins de sa maison, sans compter le produit de ses vignes, qui est toujours le gros lot de son revenu et la récompense de son travail.

Au point de vue de la grande culture, et pour le propriétaire qui ne fait pas par lui-même, c'est une organisation nouvelle pour la distribution du travail et sur laquelle on n'est pas encore bien fixé à Chissay. Les grands propriétaires du pays ont des closeries plantées en plein et d'autres plantées en cheintres; ce qui les favorise pour faire tailler leurs cheintres par leurs closiers, soit à la journée, ou à la tâche; il en est de même pour faire marer la petite sillée que la charrue laisse sur la ligne des ceps. Mais pour un grand propriétaire qui n'aurait que des vignes plantées en cheintres et qui n'aurait pas de closiers à sa disposition, une organisation plus complète est indispensable. Malheureusement nous n'avons pas beaucoup d'exemples à pouvoir citer à Chissay.

M. de... fait labourer ses cheintres par les chevaux de sa basse-cour, la taille et le marage sur la ligne des ceps sont faits par ses closiers payés à la journée, le détournement du cépage et des verges à fruits est fait également à la journée par des femmes, ainsi que tous les travaux nécessaires, tels que le relevage des verges à fruits, etc.

M. de... fait aussi labourer ses cheintres par ses chevaux de basse-cour; la taille et le marage sont donnés à la tâche et à façon à des vignerons qui se chargent de les tailler et de faire deux rangs de marage à chaque rang de vigne, ce qui fait environ un mètre de largeur, le tout payé à tant l'hectare avec une prime d'encouragement de..... quand la récolte dépasse une moyenne ordinaire. Ils se chargent aussi de faire l'ébourgeonnement, la taille en vert et le relevage des verges à fruits à tant l'hectare. Le détournement du cépage et des verges à fruits est fait à la journée par des femmes et payé par le propriétaire comme tous les autres travaux accessoires.

D'autres propriétaires qui ne font pas tout par eux-mêmes ont un ou plusieurs domestiques à l'année, pour faire tailler les vignes en cheintres et celles en plein, et au besoin pour faire le labour des cheintres et le marage des unes et des autres ; le reste du temps les domestiques sont occupés à tous les travaux annuels qui se présentent chaque saison dans la maison d'un propriétaire cultivateur.

Dans la moyenne comme dans la grande culture en cheintres, ne pourrait-on pas avoir un maître vigneron ayant un ou plusieurs chevaux pour faire la culture à la charrue, et qui se chargerait en même temps de faire la taille , le marage sur la ligne de plantation au pied des ceps, le détournement, le replacement, l'ébourgeonnement , l'abaissement des verges à fruits, le relevage et le placement des fourchines, etc., le tout à forfait ou à tant l'hectare, comme on fait dans la Touraine pour les cultures sur fils de fer ?

Ne pourrait-on pas encore, dans une grande culture, donner à titre de ferme et à moitié fruits toute l'exploitation d'un grand domaine planté en vignes et par cheintres à un fermier général qui devrait avoir autant d'intérêt que le propriétaire lui-même à bien soigner sa culture pour en augmenter la production, afin d'obtenir d'elle tous les bons résultats qui font l'honneur et souvent la fortune du propriétaire et du fermier?

Nous laissons à l'appréciation des grands propriétaires ces dernières réflexions qui n'ont point encore été expérimentées dans le pays, et nous ne les donnons qu'à titre de renseignement sans les garantir, car dans chaque pays, et même dans chaque localité, il y a des ressources ou des difficultés bien différentes pour l'exploitation d'une grande culture et qui tiennent toujours à l'ancien usage du pays, ou à la mauvaise volonté des populations qui ne veulent pas se prêter à l'innovation d'un nouveau mode de culture sans poser des conditions trop exagérées pour le propriétaire. Aussi nous ne donnons aucun chiffre sur les prix du travail, qui varient d'une localité à une autre suivant le besoin des populations, et qui augmentent chaque année d'une manière étonnante. C'est au viticulteur d'aviser à l'organisation du travail dans sa culture suivant les ressources que lui offre sa localité, car, dans la nôtre, la question n'a été examinée qu'au point de vue de la production. On ne vise encore qu'à l'abondance, sans se préoccuper des facilités de culture et de l'organisation des cheintres, déjà mieux raisonnées dans certaines localités voisines, que dans celle qui leur a donné le jour.

Revenons maintenant à la culture de Chissay, et particulièrement sur la nature du sol et sur les cépages que l'on cultive.

A Chissay, comme dans tous les pays vignobles, quand on a commencé à planter la vigne, on a choisi de préférence les coteaux bien exposés au soleil, pour avoir de la chaleur et mettre la vigne à l'abri de la gelée printanière ; la terre possédait encore toute sa richesse végétale pour la vigne, elle était encore vierge ; plantée en cheintres dans un pareil sol, elle eut certainement mieux réussi que sur les plateaux qui sont généralement froids et humides et moins convenables pour elle ; mais depuis que les coteaux ont été plantés pour la première fois, combien de fois la vigne a-t-elle été arrachée et replantée dans le même sol ? Lasse d'être replantée dans un sol épuisé par la même culture, n'y trouvant plus les substances nourrissantes dont elle a besoin pour vivre, tant les sucs sont épuisés, elle s'ennuie, elle dégénère, elle ne pousse presque plus, et il devient impossible de lui appliquer la taille des cheintres. Il y a aussi sur les coteaux deux obstacles bien sérieux qui arrêteront toujours la culture en cheintres : c'est le morcellement infini de la propriété et la raideur des pentes trop accidentées sur certains points ; ce qui fait perdre le bénéfice de la culture à la charrue et celui de la conduite des engrais avec la voiture, les chemins faisant défaut sur un pareil sol, la culture ne pourrait guère être transformée.

Aussi à Chissay chacun l'a bien compris, le vieux vignoble, situé sur la côte du Cher faisant face au midi, ainsi que les petits mamelons accidentés qui forment l'arrière côté, ont été abandonnés ou du moins bien négligés et toutes les nouvelles plantations en cheintres ont été reportées sur les plateaux, c'est-à-dire dans la plaine.

Ces nouvelles plantations sont faites sur des terres neuves n'ayant jamais produit que des céréales ; elles sont de différentes natures presque toutes froides ; le sous-sol est argileux et le sol assez médiocre, sauf quelques rares exceptions, il est souvent mêlé de silex ou de calcaire. C'est la perruche qui donne le meilleur vin; mais la vigne pousse mieux dans les bournais jaunâtres, dans lesquels se trouve un peu de calcaire mêlé à la terre végétale.

La conclusion qu'on peut en tirer, c'est que la vigne plantée en cheintres dans un terrain neuf, quoique médiocre, réussira bien mieux que dans un bon sol qui aurait déjà été soumis à cette culture pendant un certain nombre d'années. A Chissay, dans toutes les nouvelles plantations faites en cheintres, le cépage généralement adopté est le *côt* ou *cahors*, que l'on croit originaire du pays dont il porte le nom. Le sujet est vigoureux et il exige une taille longue pour se mettre à fruits, ce qui convient parfaitement à la culture des cheintres; il n'est pas délicat, tous les terrains lui sont bons, son bois est bien noué et il est assez fertile.

Son fruit est d'un beau noir velouté, mûrit bien à temps, et est d'un goût exquis, sans être parfumé comme la plupart des autres raisins (il n'a jamais été attaqué par l'oïdium); sa grappe est d'une grosseur moyenne et les grains ne sont pas trop serrés; son vin est d'un rouge très-foncé, assez alcoolique, mais plus riche en couleur; il est connu sous le nom de vin du *Cher*, très-estimé par le commerce pour couper et rafraîchir les vins chauds, il peut très-bien supporter une addition de vin blanc, car il est très-frais, ne manque ni de corps ni de bouquet, et prend toujours de la qualité en voyageant.

Depuis quelques années on cultive aussi le *côt* de Bordeaux qui est très-fertile; mais qui exige un sol plus riche que le nôtre pour bien réussir. On cultive encore à Chissay bien d'autres cépages, mais qui donnent des vins d'une qualité inférieure et qui sont peu recherchés par le commerce, sauf le vin de gros noir ou teinturier; mais on ne peut l'obtenir que sur des terrains trop riches et trop rares dans le pays. Viennent ensuite : le Massédoux, le Grolot, le

Morillon, le Poitevin et le Gamai, qu'on cultive dans une toute petite proportion et seulement dans les vignes pleines.

Pour les cépages blancs, l'Auvernat donne encore le meilleur vin et qui mûrit bien à temps pour être vendangé comme le côt, le surrin, le mélier, le gouais et deux variétés de pinots qui mûrissent toujours trop tard pour faire du bon vin : car on est obligé de les vendanger avant qu'ils soient arrivés à leur point de maturité, à cause du grapillage.

Certaines personnes de la vieille école routinière, dépourvues d'expériences pratiques; d'autres, avec un but de dénigrement ou de spéculation, tels que les marchands de vins, ont bien voulu prétendre que le vin récolté dans les cheintres ne valait pas celui des vignes plantées en plein. Aujourd'hui la chose est jugée : l'expérience a démontré qu'une vigne plantée en cheintres ou en plein, dans le même sol et avec les mêmes conditions donne la même qualité de vin, dans l'une comme dans l'autre.

La taille courte ou la taille longue, pas plus que l'extension du cépage, n'influent en rien sur la bonne ou sur la mauvaise qualité du vin, il suffit que le raisin soit bien à l'air et assez rapproché du sol pour que la terre lui renvoie la chaleur dont il a besoin. Ce qui peut y contribuer, ce sont la bonne où la mauvaise qualité du cépage, la bonne ou la mauvaise qualité du sol ou son exposition aidée de la température annuelle et les bons soins qu'on donne aux fruits, qui règlent toujours la dose de sucre ou d'alcool, en poussant le raisin à son point de maturité; mais, dans les vignes plantées en cheintres, si on ne laisse pas sur un cep plus de verges à fruits que la sève ne peut en nourrir, le vin est aussi bon que dans les autres vignes, et tout en faisant produire à meilleur marché, on le vend tout aussi cher; la meilleure preuve, en faveur de sa qualité, c'est qu'il ne reste jamais à vendre.

Prise dans son ensemble général, telle est, à peu près, la culture de Chissay. Mais, aux chapitres suivants, nous nous proposons de la reprendre en détail pour en expliquer, au point de vue théorique, les principes élémentaires et indiquer les réformes et les améliorations dont elle est encore susceptible pour devenir essentiellement pratique.

TENDANCES NATURELLES DE LA VIGNE

I I.

Sans vouloir faire l'historique de la vigne, il est indispensable d'entrer dans quelques détails sur son arborescence et sur ses tendances naturelles, d'autant plus qu'elles forment ensemble la base fondamentale du principe de sa culture en cheintres.

La culture de Chissay repose entièrement sur les dispositions naturelles de la vigne, et pour préparer l'enseignement théorique et pratique de cette nouvelle méthode, nous tâcherons de faire connaître quelques-uns des secrets de cette belle nature sauvage qu'on appelle la *végétation,* ce qui est encore un mystère pour la plupart de ceux qu'elle fait vivre et qu'elle enrichit avec ses productions.

L'espèce végétale est régie par des lois naturelles que l'on ne saurait méconnaître en la cultivant, sans compromettre ses fleurs ou ses fruits et même son existence.

En horticulture, toutes les plantes sont classées par familles ; chaque famille, chaque race a des tendances qui lui sont toute particulières, suivant le caprice de sa nature ou de son arborescence ; vouloir en déroger, c'est se mettre en contradiction avec toutes les sciences physiologiques, et avec la nature elle-même, qui est la maîtresse absolue de tous les phénomènes de la vie. Vouloir lutter contre elle, c'est se révolter contre soi-même, et pourtant c'est ce qui est arrivé pour l'ancienne culture de la vigne, à moins que nous ne soyons pas dans la logique des faits, mais s'il en était ainsi, la culture de Chissay n'aurait aucune raison d'être, puisqu'elle ne peut établir l'origine de son principe que sur des tendances naturelles.

La preuve que nous sommes bien dans la logique des faits, c'est que, depuis déjà plus d'un siècle, on avait bien essayé de cultiver la vigne dans la plaine de Chissay, sans pouvoir y réussir, et depuis qu'on la traite suivant ses tendances naturelles, c'est-à-dire plantée par cheintres, avec sa taille longue et rampante, on a obtenu les bons résultats que tout le monde connaît et qui font l'admiration de tous les étrangers qui viennent visiter cette nouvelle culture.

Pour bien connaître et bien apprécier les tendances naturelles de la vigne, il faut remonter à la source de sa nature; il en est de même pour toutes espèces de végétaux : En viticulture comme en arboriculture, il ne faut jamais forcer la nature à faire ce qu'elle ne peut ou ne veut pas faire : il faut l'aider à se développer en la dirigeant, pour en tirer le meilleur parti possible.

Prenons la vigne à son état sauvage, ou du moins à son état inculte, et nous n'aurons pas de peine à reconnaître que la vigne est une plante *grimpante* ou *rampante*; elle préfère grimper, mais si elle ne trouve pas de supports à sa portée pour attacher ses vrilles; elle laisse retomber ses pampres sur la terre, elle pousse en rampant et s'en accommode si bien qu'au bout de quelques années, elle prend un développement considérable, surtout quand elle est plantée dans un terrain neuf et bien propice.

Un pied de vigne, pris dans ces conditions, avec une taille bien calculée sur la vigueur de sa pousse, peut donner, à lui seul, beaucoup plus de fruits que dix ceps ordinaires, occupant la même contenance de terrain, ce qui prouve, une fois de plus, que le vin est plutôt dans l'extension du cépage que dans la multiplicité des sujets. Et l'extension du cépage, avec une taille longue et rampante, ne consiste pas seulement à faire produire beaucoup de fruits à la vigne, elle est encore un des moyens les plus sûrs pour empêcher la coulure, au moment de la floraison, sur les espèces trop vigoureuses, comme le côt, et c'est le cépage qu'on cultive spécialement à Chissay.

A toutes ces dispositions naturelles, il faut ajouter la souplesse et la flexibilité de son bois, dont on peut tirer un grand avantage par le moyen d'une taille longue et rampante; avec une plantation bien en ligne, distancée de plusieurs mètres, on peut arriver facilement à cultiver la vigne à la charrue. Son vieux bois, dépourvu de bourgeons et de membres latéraux, sur environ un mètre, à partir du pied, se prête très-bien à tous les mouvements de droite ou de gauche, que l'on est obligé de faire subir au cépage pour le déplacer et le ranger, de manière à ce que la charrue passe librement et approche le plus près possible de la souche; et quand le labour est fini, que le cépage vienne reprendre sa place primitive sans subir aucune mutilation, et couvrir de ses pampres et de ses branches à fruits tout l'espace que la charrue peut cultiver.

Si l'on veut bien admettre que la vigne est une plante grimpante ou rampante, on n'aura pas de peine à s'expliquer la culture de la vigne en cheintres, avec ses longs traîneaux et ses nombreuses verges à fruits, qui sont loin, comme on pourrait le supposer, de restreindre sa rusticité et sa longévité, tandis qu'ils ne font que fortifier l'une et prolonger l'autre, tout en assurant sa fécondité et sa fructification.

Est-ce à dire qu'on doive laisser à la vigne toute sa liberté d'action? Non, elle en abuserait par l'extravagance de ses pousses qui deviendraient embarrassantes pour faire la culture, et la vigne elle-même ne tarderait pas à tomber dans un état d'épuisement complet : les grappes seraient trop nombreuses et les grains resteraient petits, sans pouvoir arriver à leur point de maturité.

L'espèce végétale est un peu comme l'espèce animale; elle a besoin d'un frein pour modérer ses tendances naturelles, et il y aurait autant d'exagération à laisser prendre trop de développement à la vigne, qu'il y a d'ignorance à vouloir la renfermer dans un cercle trop étroit, et la tailler comme une plonnière, avec de simples coursons sans aucun développement; le *trop* et le *pas assez* sont deux extrêmes qu'on ne peut concilier qu'en prenant le *juste milieu* pour arbitre.

Le développement qu'on donne à la vigne, dans la culture en cheintres, a pour mobile d'atteindre deux buts bien différents; mais tous les deux favorables à la vigne et au vigneron : le premier résultat est de fortifier sa constitution en lui rendant sa grandeur naturelle suivant son arborescence, tandis que le second est purement économique; c'est de forcer la vigne à se mettre à fruits sans l'épuiser, et de rendre possible sa culture à la charrue.

Si la vigne n'était pas une plante excessivement fertile, croit-on qu'on pourrait obtenir d'elle une seule grappe de raisin en rapprochant chaque année son jeune bois jusque sur sa souche? Dans toute l'espèce fruitière, quel est donc l'arbrisseau qui consentirait à donner des fruits avec une pareille taille ou plutôt avec une pareille mutilation ? La vigne seule. Mais, parmi les nombreuses variétés de la vigne, il y a bien certaines espèces qui n'exigent aucun développement pour se mettre à fruits, ce sont ordinairement des cépages qui ne donnent que du vin de qualité inférieure à cause de leur trop grande fertilité ; mais qui pourraient très-bien être soumis au régime de la taille longue, en l'appliquant avec modération, c'est-à-dire en laissant prendre moins de développement aux membres principaux et latéraux qui, au lieu de porter des verges à fruits de toute leur longueur, comme sur les espèces vigoureuses, devraient ne porter que de grands coursons, suivant la vigueur de la pousse qui doit toujours en régler la mesure ; avec cette modification qui permet encore le détournement du bois, on peut très-bien faire la culture à la charrue, d'ailleurs, pour nous, tous les cépages qui poussent bien en treilles peuvent très-bien être soumis au régime de la taille longue et cultivés en cheintres.

Comme on peut le voir à Chissay, le principe de la taille longue sur la vigne plantée en cheintres ne s'appuie que sur ses tendances naturelles, et non pas sur une loi barbare qui est souvent en contradiction avec elle-même et qu'on lui fait encore subir dans beaucoup de vignobles, sans se préoccuper de sa vigueur ou de sa faiblesse ; de la richesse du sol ou de sa pauvreté ; de l'économie qu'on pourrait obtenir en changeant la taille, ou la culture, ou le mode de plantation qui pourrait donner les moyens d'arrivage pour les engrais. On ne tient aucun compte des tendances naturelles de la vigne; on s'appuie sur l'usage du pays, comme autrefois à Chissay, on se dit : Mon père et mon grand père cultivaient la vigne de telle ou telle manière, il n'y a pas à en déroger, c'est la loi du pays ! Mais à la fin du XIXe siècle aurait-on le courage de cultiver la vigne comme dans le temps que le bon saint Vincent était encore vigneron?...

Malgré cette petite boutade contre la vieille routine, nous ne prétendons pas que la culture de la vigne en cheintres puisse être pratiquée avec succès dans tous les vignobles, car, à Chissay même, nous avons bien certains petits climats où il serait difficile de l'obtenir à cause de l'ingratitude du sous-sol ou du manque d'argile, et il serait encore plus difficile de l'obtenir sur les vieux terrains déjà plantés en vigne depuis plusieurs siècles, si on ne voulait pas faire de grands sacrifices pour renouveler et recharger le sol avec des terres neuves, ou l'améliorer avec des engrais.

On nous dira peut-être aussi qu'il serait bien difficile de cultiver la vigne en cheintres sur les côteaux? Nous l'admettons encore, mais sous toutes réserves pour ceux qui ne sont pas trop accidentés; d'ailleurs la question a été traitée au chapitre qui précède. On nous dira peut-être encore que la vigne ne pourrait pas être soumise au régime de la taille longue dans les sables clairs, ce que nous admettons volontiers ; elle ne peut pas vivre où il n'y a pas de nourriture, car son cépage ne peut prendre aucune extension; c'est pourquoi on est obligé de lui donner des engrais pour vivre, et de lui en donner souvent ; c'est pourquoi on est obligé de lui donner une taille très-rapprochée, et qui soit en rapport avec la pauvreté du sol ; c'est encore pourquoi on est forcé de rajeunir son vieux bois et de renouveler sa racine par le provignage pour donner plus de vigueur à la pousse, sous peine de ne plus récolter de vin, ou même de voir périr la vigne ; aussi nous ne donnerons jamais le conseil de planter la vigne par cheintres dans un sable trop maigre. Les plantations en ligne sur fils de fer seraient certainement celles qui conviendraient le mieux, quoique bien coûteuses d'entretien, elles ont encore le mérite de faire passer toute la sève dans les verges fruitières et de garantir le fruit contre les rayons du soleil qui sont toujours préjudiciables aux mois de juillet et d'août, dans tous les terrains arides. Avec cette forme-là on peut encore cultiver la vigne à la charrue et la cultiver en tout temps, pour nettoyer le sol de toute la crasse qui pousse pendant la maturation du raisin, chose qu'on ne peut faire, sans l'endommager, avec un autre genre de culture.

Mais à Chissay, dans presque tous les terrains, on ne traite pas la vigne comme un petit arbrisseau, on la cultive dans toute sa grandeur naturelle, et on lui laisse prendre autant d'extension qu'elle peut en supporter sans trop s'aflaiblir. La vigne, il ne faut pas se le dissimuler, est un grand végétal ; pourquoi s'obstiner à vouloir la cultiver comme une petite naine! Les treilles seules, conduites en cordons ou en espaliers, et surtout celles qui grimpent naturellement dans les arbres, en prenant des proportions gigantesques et en donnant des grappes par centaines, auraient bien dû suffire pour nous convaincre de cette vérité depuis déjà bien longtemps. La vigne, par sa rusticité et sa voracité peut lutter avec tous les végétaux qui appartiennent à l'espèce fruitière, et on s'obstine encore, dans presque tous les vignobles, à la tailler et à la cultiver comme un petit arbrisseau. Que penserait-on d'un normand qui s'amuserait à faire conduire ses pommiers à cidre en espalier ou sur des fils de fer, au lieu de les élever à haute tige et en plein vent? Tout le monde en rirait, et surtout dans un temps où les bras sont si rares et la main-d'œuvre si chère.

Si on voulait bien se rendre compte du progrès que la culture de la vigne a fait à Chissay et qu'elle pourrait faire dans beaucoup d'autres vignobles, on n'aurait qu'à rétrograder vers le commencement du siècle. La plupart des plantations se faisaient en plein et avec du plant non enraciné, dont la moitié et quelquefois les deux-tiers ne prenaient pas racine, ce qui faisait des vides qu'on était obligé de remplir par le provignage, qui détruisait toutes les lignes de plantation, et rendait la vigne si pressée, que l'on pouvait compter jusqu'à huit ou dix mille ceps à l'hectare, pour ne point exagérer. Avec une plantation si serrée, la taille ne pouvait prendre aucun développement; on se contentait de laisser trois ou quatre *poussiers* (coursons) taillés au-dessus du troisième ou quatrième *cosson* (œil) et comme ces premiers cossons ne renferment pas souvent d'embryon fructifère (germe du raisin) sur les espèces vigoureuses, comme le côt et surtout quand la vigne était encore jeune, il en résultait une pousse démesurée qu'on était obligé de soutenir par un *charnier* (échalas) planté au pied de chaque cep, et autour duquel les pampres étaient accolés par deux ou trois ligatures, ce qui lui donnait la forme pyramidale; c'était très-joli, mais ça ne donnait pas beaucoup de vin. La coulure faisait beaucoup de ravages sur le côt qui exige tant de développement pour se mettre à fruit, et tant d'air pour afruiter son bois. Heureusement que les vignerons plantaient beaucoup de bas-viens avec le côt, tels que : le *massédoux*, le *grolot*, le *pineau*, l'*auvergnat blanc*, le *surin*, le *gouais*, etc. Avec un pareil mélange, il y avait toujours chance de récolter. On cultivait encore le *gros-noir*, pour donner de la couleur au vin, mais on le cultivait à part, et on le plantait toujours dans les meilleurs terrains, tandis que le côt réussirait mieux dans les terrains maigres; sa pousse était moins vigoureuse et sa mise à fruit plus certaine : aussi quand le côt ne coulait pas, il y avait abondance, et le vin se vendait bien difficilement. Ce qui nous rappelle un vieux dicton **paysan** de ce temps-là, qui ne manque ni d'esprit, ni de justesse : Quand les *côts* pondent, les œufs ne sont pas chers. — Ce vieux dicton n'a plus sa raison d'être car, depuis ce temps-là, on a bien trouvé le moyen de faire pondre les *côts* et de vendre les œufs chers, grâce aussi à la vapeur qui, à présent, entraîne nos vins sur tous les points du monde.

Vingt ans plus tard, on plantait un peu moins serré, et avec du plant enraciné (chevelu), ce qui permettait de laisser une verge à fruits sur chaque cep, dès l'âge de quatre ans, avec trois ou quatre poussiers, incapables de dompter la vigueur d'une jeune vigne plantée dans un terrain neuf qui, avec une pareille taille, pouvait être dix à douze années sans donner de vin, si elle avait été plantée en côt et dans un terrain froid.

Un peu plus tard, on supprimait une grande partie des basviens, que l'on remplaçait par le côt, dans presque toutes les nouvelles plantations, qui étaient elles-mêmes plus espacées et mieux en ligne, ce qui permettait de laisser deux verges à fruits et deux ou trois poussiers sur chaque cep. Depuis, dans presque toutes les vignes qui ne sont pas plantées par cheintres, on a supprimé tous les poussiers, pour ne laisser que des verges à fruits de toute leur longueur, et encore à présent on va les chercher très-loin sur les vieilles verges, pour les avoir plus fertiles ; car il faut bien le remarquer, les trois ou quatre cossons, qui se trouvent placés à la base du sarment, proche l'empature, ne renferme presque jamais d'embryon fructifère, et notamment sur le côt ; s'il naît quelques fruits, ils ne sont pas viables, ils restent presque toujours à l'état d'avortons, et les bourgeons qui sortent de ces mêmes cossons sont susceptibles d'être frappés de stérilité.

Jusqu'au moment de la pousse, ces trois ou quatre cossons restent presque à l'état latent, tandis que ceux qui se trouvent placés plus loin, sur le corps de la verge, se gonflent et s'arrondissent, même avant la chute des feuilles, et jusqu'au moment de la naissance des jeunes bourgeons qui contiennent le germe du raisin et qui l'apportent, en se développant, plein de vie et bien constitué. C'est la raison pourquoi on renonce à la taille courte avec des poussiers composés de trois ou quatre cossons, ne contenant souvent point de fruits, mais surtout dans les terrains froids et humides, et s'emparant toujours d'une certaine quantité de sève au détriment des bourgeons qui portent le fruit.

Il n'en est pas de même pour les espèces moins vigoureuses et plus fécondes, dont presque tous les cossons et même les souscossons, qu'on appelle les *cadets*, renferment l'embryon fructifère, et finiraient par s'épuiser si on voulait supprimer tous les poussiers et les soumettre au régime de la taille longue, avec des verges entières, et surtout dans les sols maigres et ardents.

A Chissay, depuis le commencement du siècle, la culture de la vigne s'est complétement transformée. Récapitulons : suppression de la plantation faite avec le plant non enraciné, planté à la mêlée, sans direction aucune ; suppression du provignage ; suppression des bas-viens ; suppression de la taille courte et des poussiers ; suppression des échalas et des accolages, pour en arriver à cette belle culture en cheintres, si naturelle, si simple et si économique, qui fait aujourd'hui l'admiration de tous les hommes compétents, et qui, par ses bons résultats, a progressivement transformé toutes les fortunes du pays.

C'est encore cette nouvelle culture qui a permis d'utiliser des terrains regardés jusqu'alors comme impropres à la culture de la vigne, ne produisant pas grand'chose et où sont aujourd'hui les meilleures vignes du pays.

Autrefois, nos pères avaient bien fait déjà quelques tentatives pour cultiver la vigne dans la plaine, mais leurs plantations étaient trop serrées et la taille trop courte ; le cépage ne pouvait prendre aucun développement; l'air ne circulait pas et les rayons du soleil ne pouvaient pénétrer jusqu'au sol pour le réchauffer; ce qui les obligea de renoncer à planter de la vigne dans des terrains neufs, qui étaient si propices et qui, depuis, ont donné de si brillants résultats à tous ceux qui ont su se conformer à ses tendances naturelles, malgré la froideur et l'humidité du sol.

Plantée dans cette condition-là, la vigne peut donner de nombreuses et d'abondantes récoltes, sans avoir besoin de fumier immédiatement ; il suffit de la recharger de terre végétale, quand elle manque de pousser. Le fumier n'est absolument nécessaire que dans les terrains épuisés par d'anciennes cultures ; une terre neuve ou vierge peut très-bien s'en passer. Si le fumier est la nourriture artificielle des plantes, la terre en est la nourriture naturelle : la terre, c'est le pain des plantes, tandis que le fumier n'est qu'une friandise stimulante qui fait payer le vin fort cher au propriétaire qui est obligé d'en nourrir ses vignes, comme par exemple, dans le vieux vignoble, sur les côtes et dans toutes les vieilles plantations faites en plein.

Nous ne voulons pas dire pour cela que le fumier est inutile ; au contraire, le fumier est le plus riche et le plus puissant de tous les engrais ; mais nous croyons qu'un propriétaire intelligent, pour s'y soustraire, doit planter ses terres en vignes pour récolter beaucoup de vin et arracher ses vieilles vignes pour récolter beaucoup de blé avec peu de fumier. En changeant les cultures, quand le sol est épuisé par la vigne, on peut faire d'abondantes récoltes de blé, et presque sans fumier ; comme en plantant ses terres en vignes, on peut récolter beaucoup de vin, sans avoir recours au fumier, avec lequel on eût été obligé de nourrir ses vieilles vignes, sous peine de les voir périr: procédé trop coûteux pour un propriétaire qui ne manque pas de terrain. Changer les cultures, c'est rajeunir le sol : un jardinier bien intelligent ne plante jamais ses choux deux années de suite dons le même carré.

C'est-à-dire que la vigne, comme toute l'espèce végétale, n'aime pas être replantée et cultivée dans un sol déjà épuisé par la même culture, mais après un repos de plusieurs années, avec des engrais et des amendements, il est encore plus facile de l'obtenir en cheintres qu'en plein ; car la culture pleine est plus épuisante et n'offre pas la même commodité, pour restaurer le sol, que la culture en cheintres, qui laisse circuler la voiture entre tous les rangs pour conduire les amendements partout où le besoin s'en fait sentir.

Si la vigne nous laisse entrevoir ses préférences pour être plantée dans un terrain neuf, par le développement de sa racine, elle nous laisse également entrevoir ses tendances naturelles par le développement de son arborescence ; mais puisqu'elle appartient à la grande famille des plantes grimpantes, quel était donc le motif qui, dans son ancienne culture, avait pu faire admettre aux anciens vignerons une plantation si pressée et une taille si courte. Il y a tout à croire que c'était pour rendre sa culture plus facile, au pic ou à la pioche, en se débarrassant de ses longs rameaux ; on n'avait sans doute pas songé à la charrue, car les premières plantations n'étaient probablement faites que sur des coteaux très-accidentés et inaccessibles pour elle.

Mais ce qui prouve que ses tendances naturelles étaient connues dès l'origine de sa culture, c'est qu'on la cultivait en treilles dans les jardins et le long des murailles, tandis qu'en plein champ, on ne la cultivait qu'en cépée, avec sa taille courte et ses plantations trop serrées.

Pour arriver jusqu'à nous, cette ancienne culture a été transmise de génération en génération, et presque sans modifications sérieuses ; mais la nouvelle culture de la vigne en cheintres offre trop d'économie, sous tous les rapports, pour que les propriétaires intelligents et sérieux consentent plus longtemps à emboîter le pas des générations passées.

LE PRINCIPE ET LA FORME

DE LA

CULTURE EN CHEINTRES

III.

Dans les cheintres de Chissay, le fond du principe est excellent au point de vue de la production, parce qu'il est parfaitement d'accord avec les tendances naturelles de la vigne, et particulièrement avec la vigueur du cépage que l'on cultive; mais la forme qu'on laisse prendre au cépage laisse encore beaucoup à désirer au point de vue de la culture, surtout quand les cheintres commencent à vieillir, le désordre et la raideur de ses membres ne permettent que bien difficilement le passage de la charrue.

La création n'a pas doté la terre d'une plante plus docile et plus facile à conduire que la vigne; aussi, quand le père Denis de Beaune nous eut donné l'idée de la taille longue et rampante, qui est la base fondamentale du principe, le problème était à moitié résolu; il n'y avait plus qu'à trouver la forme.

La vigne, par son arborescence et par ses tendances naturelles, se prête à toutes les formes; c'est au viticulteur de chercher la forme, sans nuire au principe, qui répondra le mieux à toutes les combinaisons de cette culture. La forme est au principe ce que le cheval est à la charrue; l'un ne peut pas marcher sans l'autre, pas plus que le cheval ne peut labourer sans la charrue. Si le principe de la taille longue et rampante rend la vigne plus fertile, la forme du cépage donne le moyen de faire la culture avec plus d'économie.

Si on laissait au cépage la liberté d'étendre son bois dans toutes les directions, en ne suivant que les caprices de sa nature envahissante, n'ayant ni règle ni forme, comme le faisait autrefois le père Denis de Beaune, le cépage n'en serait pas moins fertile, mais la confusion et l'encombrement de son bois rendraient la culture à la charrue impossible et celle au pic bien difficile.

Serait-il logique de planter la vigne en cheintres pour la cultiver difficilement au pic, tandis qu'avec la forme du cépage bien combinée avec le besoin du labour on peut très-bien la cultiver à la charrue, et avec plus d'économie qu'au pic.

Nous insistons d'autant plus sur la forme, que la plupart des vignerons n'en tiennent aucun compte; l'envie de récolter un peu plus tôt, avant même que les jeunes ceps soient en âge de pouvoir porter des verges à fruits, leur fait perdre, pour de longues années, toutes les facilités de culture qu'on peut obtenir avec une forme bien combinée et moins égoïste.

Ce qui manque à l'ensemble de la culture des cheintres de Chissay, c'est la régularité et la précision dans la plantation, la symétrie dans la taille, l'uniformité dans la forme du cépage et l'organisation dans la direction des cheintres pour fixer, par rang d'ordre, la place que chaque cep doit occuper. Mais pour obtenir tous ces résultats, il faudrait s'appuyer sur des principes généraux que la routine des vieux vignerons combattra encore longtemps.

Nos propriétaires vignerons ont tous bien compris que le plus grand progrès qu'on pouvait faire faire à la viticulture était : 1° de cultiver la vigne à la charrue; 2° de conduire les engrais avec la voiture jusqu'au pied du cep ; 3° de laisser à chaque cep une plus grande étendue de terrain pour l'extension de ses racines, c'est-à-dire de demander à la charrue, à la voiture et au sol, ce que la main-d'œuvre fait souvent payer trop cher, et surtout quand les bras manquent, à seule fin d'arriver à faire produire du vin à un prix rémunérateur pour le propriétaire et relativement à bon marché pour le consommateur. Ils sont tous bien d'accord pour affirmer toute l'économie du principe de cette culture, mais un grand nombre d'entre eux ne s'accordent pas toujours sur la forme qu'on doit donner au cépage; aussi, chacun ne consulte que son intelligence, et cependant, depuis quelques années, on commence à sentir le besoin de la forme, et surtout de l'uniformité du cépage par la taille ; si chacun pouvait le comprendre ainsi, ce serait la solution du problème. Joindre la forme au principe, c'est s'expliquer à soi-même la pratique par la théorie, pour la transmettre aux générations futures.

Le principe de la culture en cheintres n'a guère qu'une trentaine d'années d'existence à Chissay ; les premiers vignerons qui la pratiquèrent n'adoptèrent ni précision dans la plantation, ni règle, ni forme dans la taille ; ils se contentèrent du principe de la taille longue, en laissant presque tous les sarments sur chaque cep, en taillant, sans se préoccuper, ni de la confusion, ni de la difformité des membres du cépage : le but était de couvrir promptement et en tous sens toute la superficie du terrain.

Un cépage constitué de cette manière, malgré la confusion et la difformité de ses membres, peut donner autant de fruits et même plus tôt qu'avec une forme bien régulière, mais la culture à la charrue devient presque impossible, ce qui fait perdre toute l'économie qu'on peut en obtenir. Ainsi, quand un cépage est âgé de douze à quinze ans, ses membres ont au moins quatre à cinq mètres de développement dans toutes les directions, ils sont souvent entassés les uns sur les autres, pleins de coudes et de sinuosités, ne pouvant plus être détournés sans être tordus ou cassés en faisant la culture : s'il y a cent ceps dans une cheintre, c'est cent formes différentes ; c'est un véritable gâchis, de manière qu'on est presque aussi embarrassé pour la culture au pic qu'à la charrue, tandis qu'avec une taille bien raisonnée, sur l'uniformité des cépages, on peut facilement faire disparaître tous ces obstacles. Aussi nous ne parlerons pas plus longtemps de cette forme et nous n'y reviendrons même pas quand nous traiterons des formes au point de vue théorique. C'est l'innovation naissante, ou plutôt le principe sans la forme ; elle est impraticable dans les grandes cultures et peu commode dans les petites, car la pratique elle-même a besoin d'être expliquée par la théorie ; mais comment expliquer la pratique d'un principe par la théorie, si ce principe n'a ni base, ni règle, ni forme ?

En résumé, c'est le point de départ de la taille longue et rampante, mais toute brute, s'acheminant vers d'autres formes plus
régulières, pour arriver plus tard au perfectionnement de cette
culture; quoi qu'imparfaite, elle représente encore les tendances
naturelles de la vigne, puisqu'elle a donné naissance a un principe
qui en fait disparaître un autre, mais qui ne répondra à
tous les besoins que lorsqu'on aura adopté une forme systéma-
tique, offrant elle-même toutes les facilités de culture par son
organisation et sa simplicité élémentaire. C'est ce que nous tâcherons de démontrer au chapitre de la taille, car si le *principe* rend
la vigne plus fertile, c'est la *forme* qui permet de la cultiver avec
plus d'économie.

PLANTATION

DE LA

VIGNE EN CHEINTRES

—

IV.

A Chissay, la plantation se fait presque toujours avec du plant
enraciné (chevelu) qui a été mis en nourrice pendant deux ou
trois années à l'avance dans une pépinière. La reprise en est certaine et la plantation n'est point exposée aux brèches et aux
lacunes qu'on est obligé de remplir l'année suivante, avec de
forts chevelus, comme il arrive toujours dans une plantation
faite avec du plant non enraciné.

Un propriétaire prévoyant doit toujours, au moment de la
taille, faire trier du plant tous les ans dans ses meilleures vignes,
pour entretenir sa pépinière en état de pourvoir à tous ses besoins de plantation, de manière à ne pas être obligé d'aller acheter son chevelu sur le marché, où il est toujours exposé à la
fraude des spéculateurs et à la mauvaise foi du vigneron qui a
trié son plant sur de mauvais cépages, sans se préoccuper du
grand préjudice qu'il porte à celui qui a le malheur d'acheter et
de planter de pareils chevelus, pour se voir obligé de les arracher
après huit à dix années de culture.

Quand le chevelu a deux ou trois ans de pépinière, son corps
étant déjà tout formé, la mise à fruit se fait attendre moins longtemps, la plantation s'exécute avec plus de précision et la superficie du terrain se couvre un peu plus vite qu'avec du plant non
enraciné; mais le cépage serait moins rustique et peut-être
moins franc dans les vignes plantées en plein, ce qui n'est pas à
craindre dans celles qui sont plantées en cheintres, à cause du
grand développement qu'on donne au cépage.

Nous ne parlerons guère de la préparation pour recevoir la plantation du terrain; car il arrive très-souvent qu'on profite d'une récente emblavure pour la faire dans le fond des planches de blé ou d'avoine, dont la largeur a été calculée à l'avance, d'accord avec les lignes de plantation, qui sont toujours espacées entre elles de quatre à cinq mètres ou environ et sur lesquelles on creuse de petites *cassettes* pour recevoir le chevelu. La distance des cassettes sur la ligne de plantation doit être réglée sur la forme qu'on se propose de donner à ses cheintres; dans les vieilles plantations dont le cépage porte plusieurs membres, la distance est de deux mètres, la cassette a environ trente centimètres de profondeur, trente centimètres de largeur, et cinquante à soixante centimètres de longueur, mais il arrive très-souvent qu'elles n'atteignent pas ces dimensions.

Comme ces plantations se font presque toujours dans les terres labourables, le moment le plus propice est à l'automne. Par exemple sur une terre qui a reçu toutes ses façons pour être ensemencée en blé, on tire des lignes longitudinales, espacées entre elles d'environ quatre ou cinq mètres, que nous prendrons pour base d'opération, car c'est la largeur moyenne des plantations qui ont été faites à Chissay depuis vingt ans et, pourtant, dans notre conviction personnelle, nous croyons qu'une moyenne de quatre mètres aurait été suffisante: nous en donnerons l'explication plus tard.

Les deux lignes de plantation qui bordent la limite des deux côtés du terrain sont toujours placées à cinquante centimètres de la rive, toutes les lignes intermédiaires sont calculées sur la largeur de la pièce et séparées entre elles d'environ quatre à cinq mètres. Quand toutes ces lignes sont bien établies et bien arrêtées par des jalons plantés aux deux extrémités, la charrue, en faisant le blé, ou même avant, creuse des sillons sur les lignes, d'une profondeur d'environ quinze à vingt centimètres, en la faisant passer deux fois de suite dans la même raie, ce qui réduit le travail manuel à bien peu de chose. Quand ces lignes sont ouvertes par la charrue, on se prépare à la plantation, et pour la faire bien correcte et surtout bien précise, quand le sillon n'est pas droit, on tend ou plutôt on devrait tendre un cordeau sur la ligne, et avec l'aide d'une petite perche, réglée sur la distance d'un cep à un autre, pour servir de mesure, on fait un piquetage sur toute la longueur, pour marquer exactement les points et la place de chaque cep, de manière qu'aucun d'eux ne puisse dévier ni sortir de son rang, ce qui gênerait le passage de la charrue pour faire la culture.

Le travail étant ainsi préparé, on enlève le cordeau, et on creuse de petites cassettes peu profondes et peu coûteuses, car la charrue a fait plus de la moitié du travail, et la distance de plantation est fixée entre chaque piquet suivant la forme qu'on veut donner aux cheintres : pour une oblique double, un mètre vingt-cinq centimètres; pour une oblique simple, deux mètres, et pour une oblique droite, trois mètres. (Voir au chapitre de la direction.)

Avant la plantation, on taille son chevelu en choisissant le meilleur sarment, et en supprimant tous les autres; on doit aussi rafraîchir la coupe de la racine, et en plaçant le chevelu dans la cassette, tout le vieux bois doit disparaître et s'enfoncer en terre, au moins de dix centimètres pour provoquer de nouvelles racines au collet du cépage; en déposant le jeune chevelu dans la cassette (tel que nous le représentons au chapitre de la taille, fig. 1) on doit fixer sa tête au pied du piquet et ensuite recouvrir son corps et ses racines avec la meilleure terre végétale, en laissant l'argile pour finir de combler la cassette; quand cette opération est terminée, on rejette, à la première façon, deux raies de charrue contre la ligne de plantation pour rechausser les jeunes chevelus, et leur donner un bon guéret pour faciliter la reprise et les protéger contre l'humidité et la sécheresse.

Ces plantations se font également au printemps, quand on prépare les terres pour faire les avoines, et l'on procède à peu près de la même manière que nous venons d'indiquer, sauf les dispositions préparatoires; car on a toujours peur de trop bien faire les choses, et pourtant, quand le travail a été bien préparé, il est plus expéditif et toujours mieux exécuté.

Pour notre compte, nous préférons les plantations d'automne qui donnent presque une année d'avance, et avec la première emblavure en blé, qui est moins nuisible à la plantation que la deuxième année qui, de cette manière, se trouve en avoine, et la troisième en guéret, pendant lesquelles la jeune plantation développe ses racines et ses bourgeons, forme sa souche et se prépare à recevoir ses premières verges pour constituer la première partie du corps de son cépage; en âge de pouvoir se défendre, elle supporterait mieux une seconde emblavure en blé, qu'à la deuxième ou troisième année de plantation.

Nous avons vu aussi faire des plantations exclusivement à la charrue et sans se servir d'aucun autre outillage, et ces plantations, faites en terre neuve, ont aussi bien réussi que les autres; mais elles sont un peu moins régulières. On procédait en ouvrant une forte raie de charrue, de cinq mètres en cinq mètres, et on repassait la charrue une seconde fois dans la même raie pour la creuser davantage, en jetant toujours la terre du même côté, et ensuite on plaçait ses chevelus dans la raie de deux mètres en deux mètres, sur la ligne de plantation, en les adossant contre la masse, et le cep placé un peu en oblique; puis on les recouvrait avec la charrue, en rejetant la terre dans la raie d'où elle était sortie.

Cette plantation nous prouve que la vigne ne demande pas à être plantée bien profondément dans les terres froides et humides; si le sous-sol lui convient, elle enfonce toujours bien ses racines en terre; mais il en est tout autrement dans les sols chauds et arides: elle exige plus de profondeur dans la plantation.

Pour faire une plantation sur de vieux terrains épuisés par d'anciennes cultures de vigne, quoique arrachée depuis longtemps il est impossible de faire une plantation nouvelle avec autant d'économie que dans un terrain neuf : la terre étant encore dépourvue d'une grande partie des sucs qui conviennent particulièrement à la vigne, elle a besoin d'une restauration pour activer la plantation; on est obligé de donner plus de largeur et plus de longueur aux cassettes et de fumer les chevelus en faisant la plantation, ou de remplir les cassettes de terre neuve gazonnée, prise sur un terrain pas trop froid, ce qui est plus économique que le fumier. La plantation faite, on peut pour rajeunir le sol semer du trèfle ou du sainfoin, sur sa première emblavure, et ne cultiver qu'un mètre sur la ligne de plantation, pour donner du guéret aux jeunes ceps pendant trois ans, au bout desquels on enfouit le trèfle ou le sainfoin, par un bon défoncement qu'on donne à la terre. Nous avons effectué une plantation semblable, il y a plus de vingt ans; cette plantation, quoique faite avec des marcottes d'un an, a parfaitement réussi.

Avant de faire une plantation, on doit toujours savoir quelle est la forme ou la direction qu'on se propose de donner à ses cheintres, comme il y a plusieurs systèmes dans la direction ou dans la forme qu'on peut leur donner et qui dépendent tous du mode de plantation et surtout de la distance des ceps sur la ligne. Mais cette distance doit toujours être calculée et combinée avec la direction et la forme des cheintres, pour que l'harmonie soit complète entre elles, ainsi que nous l'indiquons au chapitre de la direction, et quand on aura choisi la forme qui conviendra, la distance de plantation des différents systèmes sera également indiquée pour éviter des recherches qui sont toujours longues et ennuyeuses et qui demandent aussi plusieurs années d'expériences et de tâtonnements. (Voir au chapitre de la direction.)

En faisant la plantation, on doit, s'il se peut, orienter les cheintres de manière à pouvoir les conduire dans la direction du sud-ouest au nord-est, ou encore du couchant vers le levant. Il arrive très-souvent que la situation topographique des terrains ou l'orientation des parcelles ne le permet pas; mais il est toujours bon de s'en rapprocher autant que possible, quand même on devrait planter et conduire la tête des ceps du côté où le terrain incline, c'est-à-dire la tête en bas; car le plus grand adversaire de la culture en cheintres, c'est le vent du sud-ouest qui ne cesse de retrousser les bourgeons pour les rabattre du côté du nord-est; mais, pour éviter toutes ces malédictions, le moyen le plus simple et le plus sage, est d'incliner ses cheintres au gré du vent sud-ouest, c'est-à-dire vers le nord-est ou le levant.

Non-seulement le vent du sud-ouest repousse les bourgeons vers le nord-est, mais la lumière du matin les attire toujours vers le soleil levant; quand ils en ont été privés pendant toute la nuit, dès le matin, la pointe des jeunes bourgeons s'incline comme pour se rapprocher du soleil qui lui apporte la lumière et la chaleur.

Est-ce à dire qu'il serait impossible de diriger les cheintres vers le sud-ouest ou vers le couchant? Non, en faisant pousser verticalement la première verge, telle que nous l'indiquons à la première et à la deuxième taille, en l'inclinant vers le couchant, quand elle a déjà pris un certain développement, et en la fixant sur terre, par une attache, ou par une motte qu'on pose dessus, on peut très-bien les diriger vers le couchant; quand le membre principal a pris une certaine consistance, il s'y maintient malgré le vent du sud-ouest; mais, quand on le peut, mieux vaut les diriger au gré du vent qui devient un auxiliaire, au lieu d'être un adversaire redoutable.

Ce nouveau système de plantation convient particulièrement à la grande culture, car depuis que les populations ont déserté les campagnes pour aller goûter les jouissances malsaines des grandes villes, les bras manquent partout; tout le monde veut bien boire du vin, mais personne ne veut plus marrer les vignes. A Chissay, il en resterait bien la moitié en friche, si l'on n'eût pas découvert ce nouveau mode de plantation qui permet la culture à la charrue; et le cheval, qui est le plus puissant auxiliaire du cultivateur, ne lui manquera jamais.

Nous aurions bien désiré pouvoir donner des chiffres pour établir un compte sur la plantation d'un hectare de vignes en cheintres; mais comment donner des chiffres exacts? et encore, à qui pourraient-ils servir? Peut-être aux viticulteurs de cabinet; mais tous les hommes compétents savent très-bien qu'on ne peut établir un pareil compte que sur des moyennes trompeuses, puisque le prix du travail varie chaque saison, chaque année, dans chaque pays, et même dans chaque localité. Cette année le prix du chevelu était de 8 francs le cent, tandis que les années précédentes on ne le payait guère que 3 francs. Si nous établissons une moyenne de 5 fr. 50 cent. le cent, et que l'année prochaine on soit obligé de le payer 10 francs, à quoi serviront nos chiffres? Pour le prix du travail, c'est à peu près la même chose: si, par exemple, un propriétaire du Berry ou de la Sologne faisait faire une plantation en cheintres, pourrait-il se baser sur le prix qu'on lui indiquerait à Chissay? Ce serait une véritable duperie, car, dans le Berry et dans la Sologne, les bras sont moins rares, et le prix des salaires doit être moins élevé qu'à Chissay.

Dans chaque localité, et même dans chaque *climat*, on doit aussi compter avec le sol, qui est toujours plus ou moins difficile à cultiver.

Nous ne connaissons ni la comptabilité ni la tenue des livres; mais nous pouvons bien affirmer que tous ceux qui prétendent donner des comptes exacts en pareille matière, ne savent pas ce qu'ils disent, car pour planter la vigne en cheintres, comme pour tous les travaux de sa culture, il est toujours facile de dépenser beaucoup d'argent; tandis qu'un propriétaire intelligent peut éviter bien des frais, en suivant les procédés que nous indiquons, et c'est pourquoi nous préférons démontrer l'économie de cette culture par des faits, plutôt que par des chiffres, qui ne servent souvent qu'à induire en erreur des propriétaires trop crédules; mais pour ne pas avoir l'air de nous y soustraire, donnons ici un petit compte de plantation, sous toutes réserves.

Nous prendrons pour base d'opération la distance moyenne de toutes les plantations faites en cheintres et sans distinction de forme; car une opération particulière sur chacune d'elles serait complétement inutile.

La distance moyenne entre les rangs de vigne est de quatre mètres, et de deux mètres d'un cep à l'autre, sur la ligne de plantation, ce qui donne 1,250 ceps ou chevelus à l'hectare, à 5 fr. 50 cent. le cent... 68ʳ75

Pour creuser les sillons sur la ligne de plantation, le travail de la charrue représente 25 ares pour un hectare, le surplus doit être porté au compte des cultures intercalaires : 25 ares, à 30 francs l'hectare.................... 7 50

Pour creuser les cassettes et faire la plantation du chevelu, à 2 fr. 50 cent. le cent......................... 31 25

TOTAL des frais d'un hectare de vigne planté en cheintres. 107 50

Mais un propriétaire intelligent qui a sa pépinière et qui fait son chevelu par lui-même, ou qui a son cheval et sa charrue, peut très-bien faire la plantation d'un hectare de vigne en cheintres à meilleur marché; car enfin, l'économie dans tous les travaux, dépend presque toujours de l'intelligence de ceux qui les dirigent.

Pour la plantation, comme pour le nombre des chevelus, nos chiffres ont été basés sur un hectare de terrain en pièce, formant un carré bien régulier, mais si on voulait faire une plantation sur une parcelle irrégulière, ou si les deux rangs de rives étaient plantés à cinquante centimètres du voisin, on trouverait en plus, sur nos chiffres, une différence moyenne d'environ cinquante chevelus sur la totalité du terrain.

Pour une plantation de quatre mètres entre les rangs, sur un hectare de terrain, on peut avoir vingt-six rangs de vigne, au lieu de vingt-cinq, en les rapprochant seulement de quatre centimètres, les uns des autres, pour donner la même largeur à la dernière cheintre qui n'aurait eu que trois mètres au lieu de quatre, à cause de la distance légale qu'on est obligé de laisser au-delà des deux rangs de rive; les vingt-six rangs peuvent donner environ cinquante chevelus en plus.

La différence est encore plus sensible sur une petite parcelle qui n'a que cinq mètres de largeur et peut recevoir deux rangs de vigne, plantés à cinquante centimètres de chaque rive, et quatre mètres entre les deux rangs, avec une distance de deux mètres d'un cep à l'autre, comme pour toutes les obliques simples, sur la ligne de plantation. En supposant que la longueur de la parcelle soit de cent mètres, les deux rangs seraient composés de chacun cent chevelus, c'est-à-dire cent centimètres pour les deux, sur une parcelle de terrain qui ne représente qu'une contenance de cinq ares, tandis que sur une grande pièce, la différence ne prend aucune proportion, elle est toujours la même.

Ici, c'est encore la pratique qui donne un démenti à la théorie.

LA

TAILLE DE LA VIGNE EN CHEINTRES

ET LA

FORME DU CÉPAGE

V.

C'est par la taille qu'on arrive à la forme du cépage, et avec la forme, et même avec l'uniformité du cépage qu'on arrive à la bonne direction des cheintres.

Le grand mérite de la taille des cheintres ne consiste pas seulement à faire produire beaucoup de vin : il est plutôt dans le mécanisme de la taille, dans la forme du cépage, dans l'ordre et dans la direction des cheintres, car avec ces trois conditions réunies, le cépage devient plus maniable et plus facile à détourner ; la manœuvre se fait avec plus de régularité, tout fonctionne avec ordre et par le même mouvement de rotation ; ce qui simplifie beaucoup la méthode et la rend aussi pratique dans la grande culture que dans la petite, sans nuire à la production.

Les trois premières années qui suivent la plantation ne comptent pour rien dans la forme du cépage. Les jeunes ceps sont rabattus au courson, c'est-à-dire sur un poussier, et taillés quelques centimètres au-dessus du deuxième cosson (*œil*) sur un sarment choisi de préférence du côté que l'on veut incliner le corps du cépage, et il doit toujours être pris sur la ligne de plantation pour empêcher le cep de sortir de son rang.

Nous croyons qu'il est inutile de donner des figures dessinées pour représenter la taille des premières années qui suivent la plantation ; mais pour mieux nous faire comprendre, nous prendrons le jeune cep à sa première année de plantation, où il n'y a pour toute opération qu'à rogner le sarment qui sort de terre un peu au-dessus du deuxième *cosson*.

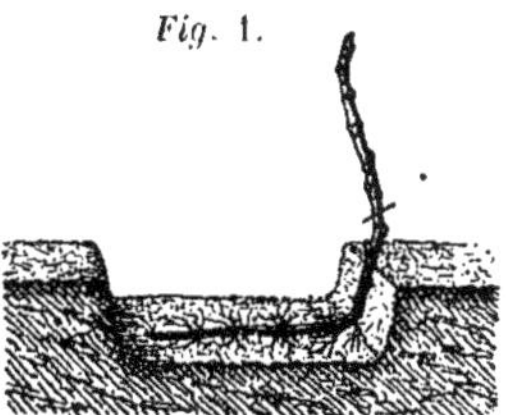

1re année de plantation.

La deuxième année, quand la pousse le permet, on peut laisser deux coursons (*poussiers*) si l'on veut conduire ses cheintres sur deux membres pour diviser le cep en deux parties égales ; mais si on ne les conduit que sur un seul membre, on ne laissera qu'un seul courson, et toujours sur la ligne et du côté où l'on se propose d'incliner sa plantation ; mais dans l'un comme dans l'autre cas, on tiendra toujours sa taille aussi basse que possible, pour empêcher la souche de monter plus haut que le niveau du sol jusqu'à ce que le jeune cep donne des pousses d'au moins *un mètre cinquante centimètres*, longueur absolument nécessaire pour commencer la première partie qui doit former le corps du cépage.

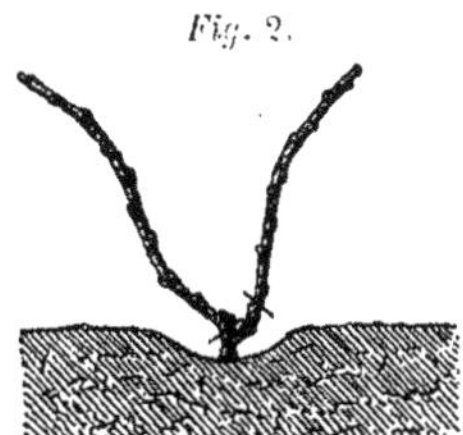

2me année de plantation.

La troisième année, si la pousse avait été assez vigoureuse pour donner des sarments d'au moins un mètre cinquante centimètres, on pourrait commencer à former la première partie qui doit composer le corps du cépage, mais comme cette première partie doit être formée d'une seule taille d'au moins un mètre, afin d'éviter les coudes, pour qu'elle reste toujours flexible; et si les sarments n'avaient pas la longueur indiquée, mieux vaudrait rabattre son cep au courson, le tailler comme à la deuxième année, et attendre à l'année suivante pour commencer la première partie du cépage, plutôt que de s'exposer à vouloir l'obtenir en deux tailles et en deux années, ce qui produit toujours un coude gênant et disgracieux qui intercepte la circulation de la sève, rend le corps du cep inflexible et l'expose à une cassure quand on veut le détourner.

Nous nous dispenserons de revenir sur ces observations préliminaires de la taille, qui pourront servir de règles générales pour toutes les variétés de plantations en cheintres, ainsi que pour toutes les formes sans exception; mais elles ne s'appliquent exclusivement qu'aux trois premières années après la plantation, c'est-à-dire pendant le temps que le jeune cep forme sa souche et ses racines, pour lui donner la force, par une taille courte, de se préparer à recevoir sa première taille; car la taille proprement dite ne doit commencer que quand le jeune cep donne des sarments d'une longueur d'un mètre cinquante centimètres au moins et même de deux mètres, pour former le corps et la charpente du cépage par des tailles sucessives que nous indiquerons plus tard.

Avant de commencer à parler de la taille proprement dite, nous donnerons quelques détails sur les opérations préparatoires qui doivent être faites l'année précédente, pour y préparer les jeunes bourgeons.

Quand on reconnaît à la force de la pousse que le jeune cep peut donner des bourgeons assez longs, étant arrivés à l'état de sarments et capables d'être utilisés pour faire la première taille, on doit protéger les deux ou trois plus beaux et surtout les mieux disposés, en supprimant les autres quand ils sont encore jeunes, pour que toute la sève passe au profit de ceux qu'on réserve pour la taille. On devrait aussi (chose qu'on ne fait pas souvent) planter un charnier (échalas) au pied de chaque cep et y accoler les jeunes bourgeons pour les protéger contre les coups de vent qui ne manquent jamais d'*églober* (détacher de la souche) les plus beaux.

Pour les cheintres qu'on veut conduire avec deux membres sur chaque cep, le charnier doit être planté au centre des bourgeons et en avant ; pour les cheintres qu'on veut conduire avec un seul membre, le charnier doit être planté un peu en avant du cep et sur la ligne, dans le sens et du côté où l'on se propose d'incliner le corps du cépage pour l'attirer dans la direction.

Pour les unes comme pour les autres, le charnier a pour mission et pour but de protéger les jeunes bourgeons contre le vent, de les retenir sur la ligne de plantation, de les faire pousser verticalement, ce qui force la sève à se porter à leur extrémité supérieure et à faire prendre plus de développement à la pousse pour donner plus de flexibilité à la partie inférieure des jeunes bourgeons, ce qui les rend d'autant plus faciles à incliner après la première taille.

Fig. 3.

Jeune cep vu à sa 3ᵐᵉ ou 4ᵐᵉ année de plantation, et pendant la végétation, avec ses dispositions préparatoires, avant la première taille.

Avant de donner la description des opérations de la première taille, il est indispensable de faire remarquer au lecteur que les cheintres de Chissay sont constituées avec des formes bien différentes dans leur direction et que le cépage a aussi des formes bien diverses qui sont basées sur des combinaisons plus ou moins ingénieuses pour la conduite de ses membres, mais toujours pour arriver au même but: couvrir le terrain.

Il y a encore bien des cheintres à Chissay dont la forme des ceps se compose de trois à six membres, et dont nous ne parlerons pas, parce que cette forme n'est praticable que pour les propriétaires qui font tout par leurs mains.

D'autres cheintres plus rationnelles ne se composent que de deux membres comme règle adoptée; enfin, il y en a d'autres qui ne se composent que d'un seul membre. Dans l'une comme dans l'autre de ces deux dernières formes, il y a encore des variations systématiques que chacun pratique selon son intelligence, pour organiser la direction de chaque membre, la symétrie dans la forme et le mécanisme qui doit faire mouvoir toute la charpente du cépage avec le plus de simplicité et le plus de vitesse possible, pour le faire avec plus d'économie et rendre la culture plus facile.

La description de la taille, dans les cheintres de Chissay, est d'autant plus difficile à donner que, dans la plupart d'entre elles , elle n'a encore été faite que par routine, c'est-à-dire sans aucun principe élémentaire. Il n'y avait ni nomenclature, ni classification des membres qui composent la charpente du cépage ; au point de vue théorique tout est encore à créer. Aussi, pour l'enseignement de la taille, nous avons cru devoir classer tous les principaux organes, en leur donnant des noms aussi simples que possible, seulement pour les distinguer les uns des autres et pour mieux les faire connaître au lecteur.

Nous nous servirons de cette petite nomenclature pour toutes les formes de cheintres et pour les différents systèmes qui les divisent chacune en deux ou trois méthodes, que les uns approuvent et que les autres critiquent; mais, comme nous ne voulons froisser la conviction de personne, nous indiquerons la taille de toutes les formes, avec les différents systèmes que nous croirons praticables;

nous nous permettrons seulement des obervations quand nous les jugerons à propos.

Nous divisons les cheintres en deux classes bien distinctes :

1° Les cheintres dont le cépage est composé de deux membres ;

2° Les cheintres dont le cépage n'est composé que d'un seul membre.

Nous commencerons par la taille des cheintres à deux membres, parce qu'elles sont les plus anciennes et les plus répandues dans le pays ; mais comme la taille des deux membres doit être faite avec les mêmes principes pour arriver à la même forme l'un et l'autre, nous simplifierons l'opération en ne pratiquant que sur un seul, pour éviter un double emploi qui ne servirait qu'à embrouiller l'enseignement ; car quand on sait tailler un membre, on peut bien en tailler deux, puisqu'on procède de la même manière pour l'un que pour l'autre ; c'est pourquoi nous ne ferons figurer le cep avec ses deux membres qu'au chapitre de la direction des cheintres, et, par ce moyen-là, nous enseignerons en même temps la taille des cheintres à un et à deux membres, sans avoir à traiter l'une après l'autre, puisqu'elles sont réglementées par les mêmes principes et qu'elles ne diffèrent que par le nombre des membres et la manière de les diriger.

Donnons d'abord la nomenclature des membres qui composent la charpente d'un cépage constitué et pourvu de ses verges à fruits.

MEMBRES PRINCIPAUX. — Les membres principaux sont ceux qui partent de la souche en ligne directe et prennent un certain développement, comme le cordon d'une treille sur une longueur de plusieurs mètres, suivant la vigueur du cépage ou la richesse du sol. Ils portent une verge à fruits à leur extrémité.

MEMBRES LATÉRAUX. — Les membres latéraux sont ceux qui prennent naissance à environ un mètre de la souche, sur les membres principaux, pour s'étaler à droite et à gauche, afin de couvrir le terrain latéralement. Ils sont tous porteurs d'une verge à fruits à leur extrémité.

VERGES A FRUITS. — Les verges à fruits sont des sarments qu'on laisse dans toute leur longueur, en faisant la taille, sur les vieilles verges de l'année précédente, lesquelles se trouvent presque toujours placées au bout des membres latéraux et principaux, sauf quelques rares exceptions que nous indiquerons en faisant la taille ; et tout en donnant les fruits, les verges donnent en même temps le bois de remplacement.

Cossons. — Les cossons sont les yeux qui se trouvent placés latéralement sur les deux côtés du sarment ; ils renferment le bourgeon non développé, qui contient lui-même l'embryon fructifère ou le germe du raisin, et le protége de son enveloppe cotonneuse contre les imtempéries de l'hiver, jusqu'au moment de la pousse. Il y a bien encore sur le bois des yeux latents, qui sont invisibles au moment de la taille et d'où sortent des bourgeons inattendus qui prennent quelquefois le caractère de gourmands; le plus souvent on les supprime ; mais quelquefois on se trouve très-heureux de les avoir pour remplacer un membre qui menace de périr ou qui a été cassé accidentellement.

Avant de commencer la taille, il est utile et il est d'usage, dans toutes les vignes, de faire un petit déchaussement autour du pied de chaque cep, avec une petite pioche, pour découvrir et dégager les sarments ou rejetons qui sortent de la terre, et partent de la souche, afin de pouvoir les supprimer avec le *larron* de la serpe, c'est ce qu'on appelle *dégratter*.

A Chissay, pour faire la taille des cheintres, on se sert généralement de la serpe bien connue de tous les vignerons. Le sécateur serait peut-être plus commode et surtout plus expéditif pour la plus grande partie du travail, mais il ne peut pas tout faire : alors le vigneron se verrait obligé de changer d'outil à chaque cep, ce qui serait une perte de temps, tandis qu'avec le *taillant* (tranchant) de la serpe on peut faire toute la taille ; on coupe et on arrange par petites poignées tout le sarment supprimé, pour être mis plus tard en javelles.

Le *larron* de la serpe (sorte de ciseau sur le dos) sert pour couper les vieux membres et pour supprimer tous les sarments qui sortent de la terre, au pied de la souche.

Première taille. — Pour commencer la première taille des

cheintres à deux membres ou à un membre, nous prendrons pour sujet un jeune cep dans une plantation de trois ans. (Fig. 4.)

Cette première taille a pour but de diviser le corps du jeune cep en deux parties égales, en choisissant les deux plus beaux sarments, qui prendront le nom de vèrges, comme étant les mieux

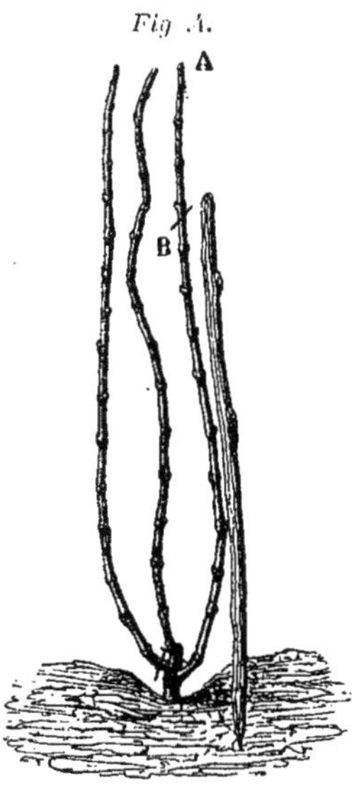

placés pour former le corps des deux membres *principaux;* mais si on veut faire une cheintre n'ayant qu'un seul membre par cep, on ne laissera qu'une seule verge et on choisira de préférence l'un des plus beaux sarments, comme étant le mieux placé sur la ligne de plantation pour former le corps du membre *principal :* il est désigné par la lettre A. Tous les autres sarments doivent être supprimés avec la pointe de la serpe aussi près que possible de la souche et nous continuerons l'opération sur le sarment réservé, qui prendra le nom de *verge* et qui ne devra pas être taillé à moins d'un mètre de longueur, et même un mètre cinquante centimètres, si la longueur du sarment le permet. La coupe que nous indiquons par une petite barre B doit toujours supprimer environ un tiers du sarment; car la taille doit toujours être faite au-dessus d'un cosson bien constitué, qui prendra le nom de *termi-nal-combiné*, et sur lequel on comptera pour donner naissance à un bourgeon en ligne directe, lequel devra servir à la deuxième taille pour prolonger le membre *principal* qui prendra le nom de *flèche*.

En redressant la verge le bout en l'air et la laissant pousser verticalement, le bourgeon *terminal* poussera en ligne directe et prendra un grand développement, tandis que la verge, avec ses deux rangs de bourgeons *latéraux*, prendra la forme d'une arête de poisson, qui est la première disposition pour donner une belle forme au cépage; mais si après la taille, ou pendant le cours de la végétation, le bourgeon terminal éprouvait un accident, on n'hésiterait pas à remplacer ce bourgeon par celui qui vient immédiatement après lui.

Les cossons placés au-dessous du *terminal* donneront naissance à des bourgeons qui seront utilisés à la deuxième taille, pour former deux membres *latéraux* placés de chaque côté du membre *principal;* mais ces bourgeons devront être surveillés au moment de la pousse pour qu'ils ne s'emparent pas d'une trop grande quantité de sève au détriment du bourgeon *terminal*, chose qu'on peut éviter en les pinçant un peu au-dessus du deuxième raisin et avant la floraison; mais le plus sûr moyen pour protéger le bourgeon *terminal* et lui faire prendre beaucoup de développement la première année, serait d'attendre à la deuxième taille pour s'occuper des membres latéraux.

Après la première taille et pendant le cours de la végétation, il y a encore bien des petits soins à donner au jeune cep pour le protéger contre les déceptions naturelles et accidentelles. Tous les moyens que nous indiquerons ne sont pas de rigueur absolue, mais notre devoir est de les faire connaître à ceux qui visent au perfectionnement de la taille, et, sans être absolument nécessaires, ils sont incontestablement les plus simples et les plus sûrs pour arriver au but qu'on se propose et pour préparer le jeune cep à la deuxième taille.

Quand la première taille est faite, il est bon de redresser les verges le bout en haut, vers le ciel, pour protéger les jeunes bourgeons contre la gelée printanière qui peut détruire dans une seule nuit tout le travail et toutes les combinaisons d'une année.

Pour redresser les verges, le moyen le plus simple est d'employer les fourchines dont on se sert pour relever les verges à fruits, en les arc-boutant sous le collet de la verge comme une jambe de force; mais le plus sûr moyen est de planter un charnier au pied de chaque cep et d'y attacher les verges par des ligatures, ce qui les redressera et les fera pousser verticalement en forçant la sève à se porter à leur extrémité supérieure; car la sève tend toujours à monter, c'est la loi naturelle de la végétation, ce qui fait prendre un grand développement aux bourgeons de la partie supérieure qu'on se propose d'utiliser à la deuxième taille pour leur donner plus de force et en même temps donner aussi plus de flexibilité à la verge. Dans le courant de mai, on doit supprimer tous les bourgeons de la partie inférieure jusqu'à un mètre de hauteur à partir de la souche, en ne réservant que ceux qui doivent servir pour faire la deuxième taille. L'ébourgeonnement de la partie inférieure des premières verges doit toujours être fait quand les bourgeons sont encore à l'état herbacé: ils se décollent facilement, les plaies se cicatrisent promptement et n'occasionnent aucune perte de sève, et le corps de la verge acquiert toute la souplesse d'une corde que les membres *principaux* conservent pendant toute leur existence, et ils ne craignent point d'être cassés ni tordus quand on les détourne pour faire la culture à la charrue. (Voir au chapitre de l'ébourgeonnement.)

Vers la fin de mai, les trois ou quatre bourgeons qu'on a laissés croître à l'extrémité supérieure des premières verges commencent à prendre un certain développement qui donne déjà la figure et la forme que doit prendre le cépage.

Naturellement le bourgeon *terminal* en poussant suit la ligne verticale, comme la verge qu'il doit prolonger, en dirigeant sa pointe vers le ciel; et comme les cossons de la vigne sont placés latéralement en ligne sur les deux côtés du sarment, ils ont donné naissance à deux bourgeons latéraux, un de chaque côté et un peu en dessous du bourgeon *terminal*, ce qui divise la

tête du cep en une bifurcation de trois branches et lui donne à
peu près la figure d'une palme qui s'est formée tout naturellement.

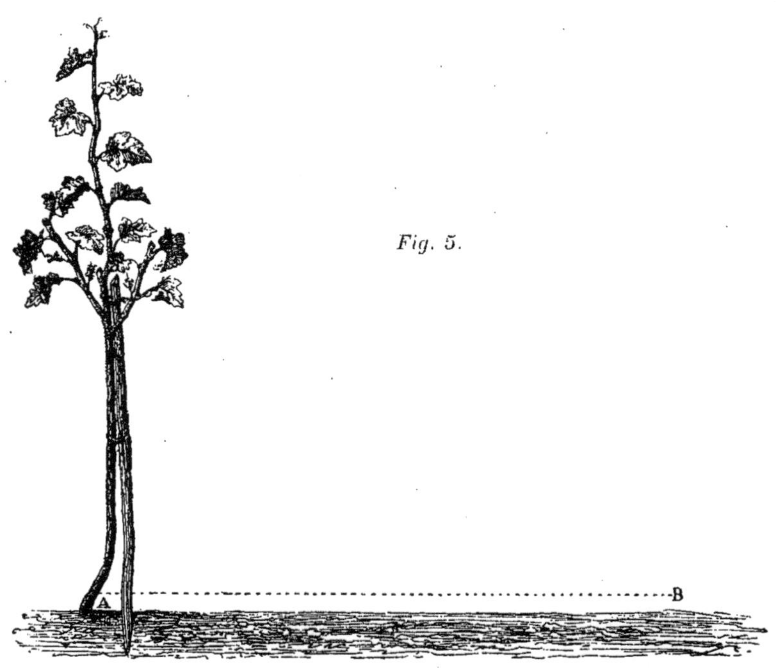

Fig. 5.

Jeune cep vu vers la fin de mai, après sa première taille, au moment d'être détaché du charnier
et couché par terre, longitudinalement sur la ligne de plantation.

Vers la fin de mai, les gelées printanières n'étant plus guère
à craindre, les bourgeons qui se trouvent placés au haut de la
verge commencent à prendre du poids et sont susceptibles d'être
cassés par le vent. On doit commencer par ôter les fourchines ou couper les ligatures qui attachent les verges au
charnier, et ensuite les coucher horizontalement sur la terre
et *longitudinalement* sur la ligne de plantation A B, figure 5,
pour faire prendre cette attitude aux jeunes membres, en attendant la deuxième taille pour fixer la direction qu'on devra leur
donner. La largeur d'un mètre de terrain sur la ligne de plan-

tation peut suffire pour placer les bourgeons et les faire pousser en ligne, sans se nuire les uns aux autres, pendant une année, ce qui procure l'avantage de faire une *emblavure* de plus entre les cheintres.

Si, au contraire, après la première taille, on laisse pousser les verges horizontalement couchées sur la terre, — comme le font encore la plupart des propriétaires, — la sève, qui naturellement tend toujours à monter, ne se porte pas à l'extrémité de la verge; tous les cossons qui se trouvent au milieu s'en emparent, au grand détriment de ceux qui sont placés à l'extrémité; aussi quand on veut faire la deuxième taille, est-on souvent obligé de reprendre un sarment qui a poussé à angle droit sur le corps des verges pour donner suite au prolongement des membres, et il en résulte que ces membres sont souvent faits comme des jambes de chèvre.

Si nous nous sommes étendus aussi longuement sur la première taille, c'est qu'elle est la plus importante de toutes. Pour les cheintres à un membre comme pour les cheintres à deux membres, c'est elle qui contient le secret de la culture à la charrue; car c'est avec la première verge qu'on forme le corps du cépage, et c'est le corps du cépage qui contient tout le mécanisme, qui en fait mouvoir la charpente pour livrer passage à la charrue. Comme on le voit, c'est la première taille qui décide si le cépage se détournera facilement ou fera résistance, restera toujours flexible ou inflexible au détournement, pour le besoin du travail.

DEUXIÈME TAILLE. — Pour commencer la deuxième taille, nous reprendrons notre jeune cep à la même place, ayant conservé la même attitude que nous lui avons donnée à la fin de mai, et avec tout le développement qu'il a pris en plus pendant le cours de la végétation annuelle, et qui s'est porté particulièrement sur le bourgeon *terminal*, qu'on avait eu soin de protéger en pinçant les bourgeons *latéraux* au-dessus du deuxième raisin pour en conserver le fruit, et en supprimant tous les autres, sur un mètre de longueur à partir de la souche. (Fig. 6.)

Sur les verges ou sarments placés au bout des membres *principaux*, la taille doit être faite selon la vigueur de la pousse, en supprimant environ un tiers de la longueur du sarment, ainsi que nous l'indiquons à la figure 6, par la lettre A et par la petite barre transversale qui en indique précisément la coupe. Elle doit être faite sur un point où le sarment a acquis toute sa grosseur normale pour avoir des cossons bien constitués, et comme la sève se porte toujours à la coupe, les bourgeons qui en sortiront seront vigoureux et prendront plus de développement que si l'on eût laissé la verge dans toute sa longueur; mais les bourgeons réservés pour former les membres latéraux ne devront être espacés que d'environ soixante à soixante-quinze centimètres entre eux et sur chaque côté du cep.

Fig. 6.

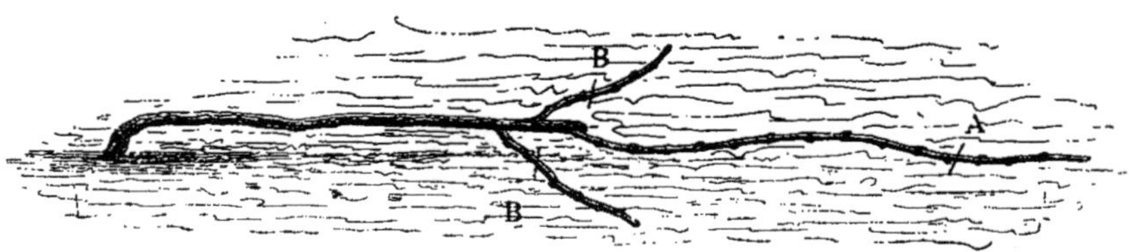

2me TAILLE.

Pour la taille des membres *latéraux*, elle doit être faite plus ou moins courte, en se basant toujours sur le développement du membre principal, c'est-à-dire que si les sarments latéraux, quoique pincés au-dessus du deuxième raisin, menaçaient encore de s'emparer d'une trop grande quantité de sève, au préjudice du membre *principal*, la taille devrait être faite plus courte; si, au contraire, le membre principal est bien développé, la taille peut être faite un peu plus longue sans lui nuire, mais elle ne doit pas dépasser une longueur de cinquante centimètres, car le jeune cep ne pourrait pas porter une pareille charge à son âge, ce qui nuirait également à sa forme et à sa constitution qui doit toujours avoir plus de longueur que de largeur.

Nous indiquons la coupe sur les sarments latéraux à la figure 6, par la lettre B B et par la petite barre placée en travers du sarment.

Les soins qui restent à donner au jeune cep après la deuxième taille consistent :

1° A relever les membres principaux et les verges à fruits, le tout d'une seule pièce, avec des fourchines, pour préserver les jeunes bourgeons de la gelée printanière, et cette opération préservatrice devra être réitérée tous les ans, quand la vigne commence à pousser, et surtout quand la température est menaçante ;

2° Quand la gelée n'est plus à craindre, vers la fin de mai, on laisse retomber tous les membres sur la terre et on baisse les verges à fruits horizontalement avec un ou deux brins de paille qu'on passe autour de la pointe, et sur lesquels on pose une motte de terre pour ne point endommager les bourgeons. On fixe ensuite la verge sur la terre pour l'empêcher d'être agitée par les vents, ou mieux encore, on attache la *flèche* ou verge terminale à un petit échalas ou à une fourchine plantée en terre à la place même et dans la direction qu'elle devra occuper immédiatement après les façons de terre, c'est-à-dire pendant tout le temps de la végétation jusqu'après la maturité du fruit, ce qui ne manquera pas de la raidir et de lui donner l'impulsion de la ligne droite ;

3° Dans le courant de juin, un peu avant la floraison de la vigne, on doit faire un ébourgeonnement très-sévère, en commençant par supprimer tous les bourgeons qui ont poussé sur le corps du cep, depuis la souche jusqu'aux premiers membres *latéraux ;* mais si un membre principal venait à périr ou menaçait de périr, par suite d'un accident quelconque, on aurait soin de conserver un bourgeon sur la souche pour le remplacer, en lui faisant subir le même traitement que nous avons indiqué à la première taille.

L'ébourgeonnement doit être également fait sur toute la longueur des membres principaux et même sur les membres latéraux, pour donner de l'air dans l'intérieur du cépage pendant la floraison du raisin, afin d'éviter la coulure, en supprimant tous les bourgeons qui prendraient le caractère de gourmands ; on fait ainsi passer la sève au profit des verges à fruits et du bois de remplacement qu'elles portent, tout en préparant la taille pour l'année suivante, car quand cette opération est bien faite, elle peut être considérée comme une taille en vert.

Si, par suite d'une pousse démesurée, un second ébourgeonnement devenait nécessaire, il ne faudrait pas le négliger avant que les bourgeons soient arrivés à l'état ligneux : l'opération deviendrait alors plus difficile et les plaies ne pourraient plus se cicatriser sans renfermer une petite partie de bois mort qui reste toujours à la coupe et qui, bien que non apparente, entrave la circulation de la sève et peut être aussi préjudiciable au sujet qu'à son fruit.

C'est encore après la deuxième taille que l'on désigne, à chaque membre principal ou à chaque cep, la place qu'il doit occuper d'après la combinaison symétrique, la direction et la forme qu'on se propose de donner à ses cheintres, combinaison qui doit toujours être décidée au moment de la plantation; mais comme cette opération sera expliquée au chapitre de la direction des cheintres, nous y renvoyons le lecteur, pour ne pas trop compliquer l'enseignement de la taille, que nous tenons à pratiquer sur un cep isolé, pour en simplifier les explications et les rendre plus sensibles et plus faciles à comprendre.

TROISIÈME TAILLE. — En supposant que chaque taille soit faite au moins à un mètre de longueur sur le membre principal, ce dernier doit, à sa troisième taille et à l'âge de six ans, avoir un développement de trois ou quatre mètres au moins, selon la richesse ou la pauvreté du sol.

Le membre principal doit porter au moins quatre membres latéraux : tel est le cep sur lequel nous allons opérer la troisième taille et que nous représentons par la figure 7.

Il faut d'abord choisir le plus beau sarment qui se trouve au bout de la flèche et le mieux disposé à suivre la ligne directe pour en faire une verge terminale, si le membre principal était arrivé au maximum de son développement; mais si la pousse était encore trop vigoureuse, on supprimerait environ le tiers du sarment, comme à la deuxième taille. La verge qui termine le membre principal ne doit être laissée dans toute sa longueur que quand le cep est rendu, autrement la coupe doit toujours être faite suivant la force de la pousse, telle que nous l'indiquons à la figure 7 par la lettre A.

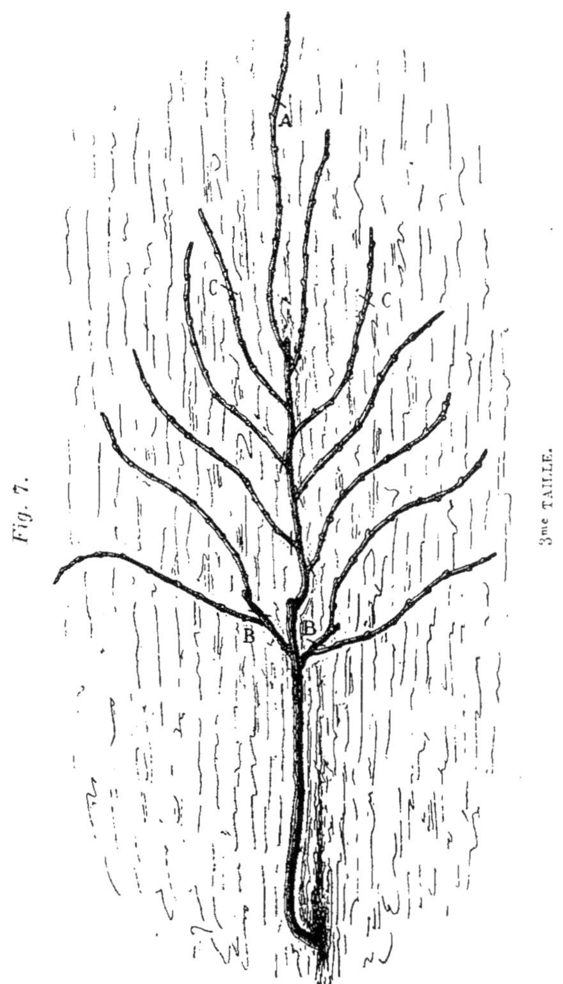

Sur les deux premiers membres latéraux, les verges à fruits doivent être prises sur les vieilles verges, proche le collet, en choississant toujours des sarments bien constitués et symétriquement placés sur les deux membres latéraux, pour donner, s'il est posossible, une belle forme à la charpente du cépage. La coupe doit être faite sur les vieilles verges, au-dessus et proche les deux sarments que nous indiquons par les lettres B B et par les deux petites barres qui sont précisément placées au-dessus des jeunes verges destinées à remplacer celles qu'on doit supprimer chaque année.

Les deux verges nouvelles doivent être conservées dans toute leur longueur.

Pour les deux autres membres latéraux, ou plutôt pour les deux sarments les plus rapprochés de la flèche, ils ne doivent plus être laissés dans toute leur longueur, à moins qu'ils ne soient incapables de nuire à son développement; mais s'ils étaient trop vigoureux, on devrait les rogner à cinquante ou soixante centimètres de longueur, selon la force de la pousse, pour former deux nouveaux membres latéraux sur lesquels on laissera, l'année suivante, des verges dans toute leur longueur. Nous indiquons à peu près la coupe à la figure 7, par les lettres C C placées proche les petites barres transversales.

Pour terminer l'opération, il ne reste plus qu'à nettoyer le corps du membre principal et celui des membres latéraux de tous les sarments inutiles et des bourgeons avortés qui n'auraient pas été supprimés en faisant l'ébourgeonnement.

Sur les verges à fruits, on doit aussi supprimer toutes les vrilles et les faux rameaux ou beourgeons anticipés.

Les opérations de la troisième taille étant finies, les soins qui restent à donner au jeune cep pendant le cours de la végétation, pour protéger le fruit, le bois de remplacement et la forme du cépage sont les mêmes que nous avons indiquées à la suite de la deuxième taille, ce qui nous dispense de revenir sur des explications qui feraient double emploi, sans pour cela donner plus de lumière.

Nous aurions pu nous dispenser de parler d'une quatrième taille, mais comme les trois premières n'ont été données que pour former un jeune cep ou un membre principal à peine développé, nous tenons à traiter un vieux cep bien constitué et pourvu de tous ses membres latéraux avec des verges à fruits, pour mieux en remarquer la forme et la donner pour modèle. Cependant il ne faut pas se faire d'illusion sur cette forme, car il est toujours assez difficile d'arriver à la faire aussi régulière, à cause d'une infinité de déceptions inattendues qui viennent toujours paralyser les plus belles combinaisons; mais il est bon de s'en rapprocher autant que possible, sans pour cela sacrifier trop le fruit afin d'en conserver la forme. D'ailleurs, il est impossible de donner à un cep, dont le bois pousse en liberté, une forme aussi régulière qu'à un arbre qu'on dresse sur un panneau de treillage.

C'est pourquoi nous aurions pu nous dispenser de traiter la quatrième taille; car quand un jeune cep ou un membre principal a reçu trois tailles, il a déjà un développement de trois à quatre mètres de longueur, avec au moins quatre membres latéraux, ce qui peut lui donner, à l'âge de six ans, quatre ou cinq verges à fruits. On peut alors le considérer comme rendu à son point d'extension et de fructification et, pourvu que le détournement du jeune cep soit facile, il ne faut pas en demander davantage dans la pratique; mais quand il s'agit d'enseigner la taille au point de vue de la forme qu'on doit chercher à atteindre, on ne saurait trop bien le faire, car si toutes les formes sont bonnes pour donner du vin, elles ne sont pas toutes bonnes pour bien cultiver la vigne à la charrue et surtout pour bien démontrer la taille.

QUATRIÈME TAILLE. — En faisant cette dernière taille, nous serons obligés de réitérer une partie des observations que nous avons déjà faites aux trois premières; mais nous porterons particulièrement toute notre attention sur les membres *latéraux* et sur les verges à fruits. Nous prendrons, pour opérer, un cep ou un membre *principal* tout formé et que nous supposerons être arrivé au maximun de son développement, avec une verge terminale à l'extrémité du membre principal, et enfin six membres latéraux pouvant porter chacun une verge à fruits. (Fig. 8.)

Fig. 8.

Avant de commencer à tailler un cep, on doit toujours jeter un coup-d'œil sur sa constitution, pour bien se rendre compte si un ou plusieurs membres latéraux ne s'emporteraient point au détriment des autres ou au préjudice du membre principal, afin de pouvoir rétablir l'équilibre en faisant la taille. On doit aussi surveiller la distance des membres latéraux, qui ne doivent être espacés entre eux que d'environ soixante à soixante-quinze centimètres, pour combler les vides s'il existe des sarments sur le membre principal.

Pour opérer à partir de la souche n° 1 jusqu'aux deux premiers membres latéraux n°ˢ 2 et 3, on commence par supprimer tous les rejetons et les bourgeons inutiles qui ne l'auraient pas été en faisant l'ébourgeonnement, ensuite on taille les deux membres latéraux n°ˢ 2 et 3, en choisissant un sarment sur chacune des deux vieilles verges de l'année précédente, pour les remplacer par deux nouvelles verges à fruits que nous indiquerons par les lettres A A. Ces deux nouvelles verges doivent être bien constituées et bien disposées, s'étaler à droite et à gauche du membre principal, et autant que possible, ne pas être prises trop loin sur la vieille verge, afin que les membres latéraux ne prennent pas trop de développement au détriment du membre principal. La longueur moyenne et approximative d'un membre latéral ne devrait guère dépasser vingt-cinq centimètres, depuis sa naissance jusqu'à l'empature de la verge, qui peut avoir elle-même, en moyenne, une longueur de un mètre vingt-cinq centimètres, ce qui porte l'envergure des deux membres latéraux à environ deux mètres cinquante centimètres à trois mètres d'extension; mais comme les verges sont toujours placées longitudinalement de chaque côté du membre principal, cela réduit la largeur de beaucoup sur le terrain.

La coupe sur la vieille verge doit être faite au-dessus de la verge nouvelle: nous la précisons par les deux petites barres transversales placées sur les deux vieilles verges des membres latéraux portant les n°ˢ 2 et 3; mais, si la nouvelle verge à fruits était placée trop loin sur la vieille verge, comme il arrive trop souvent dans les années où la vigne gèle au printemps, ce qui oblige de prendre le bois de remplacement où on le trouve pour avoir du vin, on ne devrait pas négliger de laisser un *avant-vin* s'il existe, c'est-à-dire un petit sarment proche l'empature de la vieille verge pouvant donner une verge à fruits l'année suivante, afin de pouvoir rapprocher la taille; comme si l'un des membres latéraux venait à périr ou à être cassé en faisant la culture, on aurait le soin, en faisant l'ébourgeonnement, de réserver sur le vieux bois, pour le remplacer, un bourgeon le plus rapproché de son empature.

Pour les autres membres latéraux portant les nᵒˢ 4 et 5, comme pour ceux qui portent les nᵒˢ 6 et 7, ce sont les mêmes opérations, et ils doivent être traités avec les mêmes principes : chaque année, les vieilles verges à fruits de l'année précédente doivent être remplacées par des nouvelles au bout de chaque membre latéral, et la coupe est indiquée par les petites barres sur chaque vieille verge, par les lettres B B pour les deux membres portant les nᵒˢ 4 et 5, et par les lettres C C pour ceux qui portent les nᵒˢ 6 et 7.

Quand le cépage est rendu, la verge qui se trouve placée au bout du membre principal perd son nom de flèche; elle doit être laissée dans toute sa longueur et remplacée chaque année, comme toutes les autres verges à fruits : la coupe est indiquée à la lettre D, proche le nᵒ 8, placé à l'extrémité du membre principal, qui prend lui-même son point de départ à la souche indiquée par le nᵒ 1. Ainsi, quand la charpente d'un cep est formée, il n'y a plus que deux choses à observer : maintenir l'équilibre entre tous les membres latéraux et bien choisir les verges à fruits; mais il arrive quelquefois qu'on est obligé de couper une bonne verge pour en laisser une moins bonne, afin de rétablir l'équilibre ou la symétrie d'un membre qui prend une fausse direction.

Quand un membre latéral est trop vieux, les nombreuses coupes, qu'il a reçues chaque année en faisant la taille, laissent toujours autant de couches de bois mort enfermées sous les écorces, ce qui empêche la sève d'arriver jusqu'à la verge; alors elle ne tarde pas à s'affaiblir; mais s'il existait un sarment bien constitué proche la base du vieux membre latéral, il faudrait en profiter pour le remplacer et en faire une verge à fruits tout en même temps, et ne pas la laisser dans toute sa longueur la première année, pour mieux fixer le bois de remplacement de l'année suivante. On doit aussi éviter, autant que possible, pour remplacer un vieux membre latéral, de prendre un sarment sur le dessus du membre principal, car il ne tarderait pas à s'emparer d'une trop grande quantité de sève au préjudice du membre principal et de tous les autres membres latéraux; autant que possible, il faut donc le choisir sur un des côtés du membre principal.

Avant de fermer le chapitre de la taille, une petite explication est encore nécessaire pour savoir si tous les cépages peuvent être soumis au même régime que nous enseignons.

Cette taille convient particulièrement aux espèces très-vigoureuses; mais pour les espèces peu vigoureuses, on ne doit l'admettre qu'avec certaines modifications, c'est-à-dire qu'au lieu de laisser les verges à fruits entières, on devra les rogner à moitié ou aux deux tiers, selon la force ou la vigueur du cépage: sans cela on n'aurait pas de beaux fruits et on épuiserait le cep.

Pour toutes les espèces peu vigoureuses, c'est le seul moyen de les cultiver en cheintres; seulement les plantations doivent être faites moins espacées, car moins un cépage est vigoureux et moins il exige de développement pour se mettre à fruit; mais pour toutes les espèces, il n'y a rien à changer ni dans les membres principaux et latéraux, ni dans la forme du cépage.

Donc avec une taille bien raisonnée sur la vigueur ou la fertilité des sujets, tous les cépages peuvent être soumis au régime de la culture en cheintres, même les espèces les moins vigoureuses et les plus fertiles; seulement quand le terrain est propice et le sol assez riche, la longueur du membre principal doit toujours être mesurée sur le plus ou le moins de vigueur du sujet, et cette longueur doit être obtenue en deux tailles pour éviter les sinuosités qui retiendraient la sève au pied du cep et l'empêcheraient d'arriver jusqu'à l'extrémité de son développement, qui est le but absolument nécessaire pour qu'elle puisse, *en passant*, alimenter les membres latéraux qui devront être très-rapprochés et ne porter que de grands poussiers, au lieu de verges entières, ce qui rendra le détournement du cépage très-commode pour faire la culture à la charrue.

Puisque toutes les espèces peuvent être conduites en treilles, pour quelle raison ne pourrait-on pas les conduire en cheintres? la culture en cheintres est moins épuisante que la culture en treilles, surtout quand la taille est bien mesurée.

Donnons maintenant un petit aperçu de ce que peut coûter la taille d'un hectare de vigne planté en cheintres, ou plutôt le nombre de journées nécessaires pour faire cette opération, car les prix varient et augmentent si souvent qu'il est presque impossible de donner des chiffres sans induire tout le monde en erreur, ce qui est vrai la veille ne l'est plus le lendemain.

Pour tailler un hectare de vigne en cheintres, arrivée au maximum de son développement, on compte, en moyenne, vingt journées de travail, dont le prix peut varier suivant la saison, la rareté des vignerons ou le changement de localité, mais que nous portons, en moyenne, à 2 fr. 50 cent. par journée de travail; ce qui fait, pour un hectare, 50 francs, sur lesquels on doit déduire le bois qui représente, en moyenne, cent vingt fagots de javelles, à 10 francs le cent, frais faits, donnant à déduire la somme de 12 francs sur celle de 50 et portant le prix total de la taille d'un hectare de vigne planté en cheintres à la somme de 38 francs.

Mais, en donnant le travail à la tâche, on pourrait l'obtenir à meilleur marché, et en choisissant de préférence la saison d'hiver où l'on pourrait également avoir la journée de travail à prix réduit.

D'ailleurs, et en résumé, notre petit aperçu pourra être rectifié suivant le prix du travail à la journée ou à la tâche dans chaque localité, en prenant pour base le nombre des journées nécessaires pour tailler un hectare de vigne en cheintres, mais qui pourra encore varier suivant la force de la pousse ou le plus ou le moins d'encombrement, quoique nous l'ayons porté au maximum.

L'ÉBOURGEONNEMENT ET LE PINCEMENT

DE

LA VIGNE EN CHEINTRES

VI.

Ébourgeonner, c'est supprimer tous les bourgeons inutiles ou mal placés sur un cep, et pouvant nuire à ceux qui sont bien disposés pour la taille ou porter préjudice à ceux qui promettent des fruits.

Pincer, c'est rogner l'extrémité supérieure d'un jeune bourgeon avec le pouce et l'index, pour l'empêcher de prendre un trop grand développement et de gourmander ceux qui portent des fruits, ou l'empêcher de nuire à la forme du cépage, tout en conservant sa partie inférieure pour être utilisée au moment de la taille, si elle est nécessaire.

Pour les vignes cultivées en cheintres, comme pour les vignes cultivées en plein, l'ébourgeonnement est sans contredit l'opération la plus nécessaire après la taille et le labour; mais souvent trop négligée dans les cheintres et encore plus négligée dans les vignes plantées en plein, qui ont tant besoin d'air au moment de la fleur. Dans les unes comme dans les autres, en faisant l'ébourgeonnement, on atteint deux buts différents qui donnent pour résultats immédiats la protection du fruit, dès la même année, et la préparation de la taille pour l'année suivante.

Dans les vignes plantées en cheintres, il y a plusieurs sortes d'ébourgeonnement : les unes sont purement élémentaires ou préparatoires, avant et pendant les deux premières tailles seulement :

les autres se font chaque année, quand le cep est constitué, pour protéger le fruit et la forme du cépage, en faisant circuler la sève jusqu'à son extrémité.

Pour opérer, nous suivrons la même méthode que pour la taille, et même nous serons souvent obligés de répéter ce que nous avons déjà dit, à cause de la liaison qui existe entre la taille et l'ébourgeonnement.

Pour élever une jeune vigne en cheintres, le premier ébourgeonnement se fait ordinairement pendant la troisième pousse qui suit sa plantation, pour préparer la première taille qui devra avoir lieu l'année suivante, telle que nous l'avons indiquée au chapitre de la taille.

Quand les jeunes bourgeons ont atteint la longueur de trente à quarante centimètres, on plante un charnier un peu en avant du cep, et du côté que l'on se propose d'attirer sa plantation, et ensuite on supprime tous les bourgeons mal disposés, mais on en réserve deux ou trois des plus beaux, qu'on attache le long du charnier avec une petite ligature qui se compose de deux ou trois brins de paille ou de jonc pour empêcher le vent de les *églober*, et au fur et à mesure que les bourgeons montent, on doit ajouter encore deux ligatures pour les maintenir en droite ligne jusqu'en haut du charnier.

En supprimant les bourgeons inutiles, la sève passe au profit de ceux qu'on a réservés ; le charnier les attire sur la ligne de plantation et leur fait prendre un grand développement vertical, qui les rend d'autant plus flexibles au pied et les prépare favorablement à la première taille, et l'on n'aura qu'à choisir le plus beau sarment pour en faire une première verge et commencer la première partie du membre principal.

Le second ébourgeonnement est tout-à-fait élémentaire ; il se fait l'année suivante, après la première taille, et il est le plus important de tous, car c'est lui qui procure les facilités de la culture en permettant le détournement du cépage.

Quand la première verge a été taillée comme nous l'avons dit au chapitre de la taille, on doit la laisser fixée verticalement au charnier pour forcer la sève à se porter dans toute son extrémité supérieure et notamment vers le cosson terminal, d'où doit sortir un bourgeon vigoureux, qui fera suite en ligne directe à la première verge pour le développement du membre principal ; elle doit encore rester fixée au charnier, dans la même attitude, jusqu'à la fin de mai, pour la préserver contre la gelée printanière, qui est une terrible ébourgeonneuse.

Enfin, le moment de faire le second ébourgeonnement est arrivé, et il porte entièrement sur la verge qui doit être ébourgeonnée sur une longueur d'au moins un mètre, à partir de la souche ; mais on aura toujours soin de réserver trois ou quatre bourgeons au bout, dont le terminal formera la flèche, et les autres pourront être utilisés pour préparer les premiers membres latéraux ; mais ils devront être soigneusement pincés au-dessus du deuxième raisin, s'ils en portent, de manière à ne laisser qu'un tronçon pour *amuser* la sève, et les empêcher de gourmander le bourgeon terminal qui devra prendre un grand développement, tout en laissant le corps de la première verge très-flexible ; il n'y a plus qu'à couper les ligatures et à coucher le jeune cep horizontalement sur la ligne de plantation ; car il ne doit être placé en oblique que l'année suivante. On doit également extraire tous les charniers, car ils ne sont plus d'aucune utilité, et pour rendre plus facile l'inclinaison du jeune cep, on pourra donner un coup de pioche en avant de la souche, comme pour creuser une petite cassette, dans laquelle on la renversera en la poussant avec le bec du sabot pour la faire rentrer sous terre et la faire disparaître.

En procédant ainsi, on force la sève à se porter à l'extrémité du membre principal, c'est-à-dire dans la flèche, car l'essentiel est toujours d'obtenir la longueur du cep le plus promptement possible, en évitant les bifurcations. Les membres latéraux donneront tout naturellement sa largeur, lorsque le membre principal sera couché horizontalement et rendu à son but.

Pendant quelques années, nous avions adopté un nouveau procédé pour remplacer l'ébourgeonnement qu'on fait subir à la première verge : c'était de supprimer avec la pointe de la serpe, en faisant la taille, tous les cossons de la partie inférieure, sauf trois ou quatre que nous réservions à l'extrémité supérieure pour préparer la taille de l'année suivante ; mais nous avons reconnu qu'il y avait deux inconvénients :

Le premier, c'est que la coupe de la serpe laisse toujours une petite plaie à la place des cossons supprimés qui, au lieu de se cicatriser immédiatement, se couvrent d'une couche de bois mort que la gelée et le soleil font crevasser, en attendant que la sève soit en activité pour les faire recouvrir par les écorces. Le mal devient invisible, mais il existe à l'intérieur : le meilleur moyen serait de ne point couper les yeux avec la serpe ; vaudrait bien mieux les éborgner tout simplement.

Le plus grave des inconvénients, c'est que si l'on prive la première verge d'une grande partie de ses cossons dans le cours de la végétation, et surtout pendant l'hiver, il en résulte un grand affaiblissement dans sa constitution ; car chaque cosson est une petite pompe aspirante qui attire la sève dans le corps de la verge, et quand la sève ne trouve pas d'issues, elle refuse d'y monter et prend son cours dans une autre direction. Tandis que si la verge est pourvue de tous ses cossons, elle s'y porte en abondance, et quand son ascension est faite, si l'on supprime tous les bourgeons de sa partie inférieure, comme nous l'indiquons au chapitre de la taille, la sève étant en activité se portera dans les bourgeons de la partie supérieure et les petites plaies occasionnées par l'ébourgeonnement se cicatriseront immédiatement, sans altérer la verge : voilà la raison pour laquelle nous sommes revenus à l'ébourgeonnement.

Pour une plantation de quatre ans et qui pousse son cinquième bourgeon, l'opération est encore élémentaire ; mais elle commence à rentrer dans la règle normale ; le principal but est de protéger le développement de la flèche, tout en conservant son fruit.

Un peu avant la floraison de la vigne, quand on s'aperçoit que les bourgeons mal placés sont capables de nuire aux autres, on commence par supprimer, sans réserve, tous ceux qui se trouvent placés sur le corps de la première verge, qui doit toujours rester flexible et dépourvue de membres latéraux, sur une longueur d'au moins un mètre, à partir de la souche, ce qui permet le déournement du cépage et ensuite la culture à la charrue.

Pour la verge qui forme la flèche, il n'y a guère qu'à pincer les bourgeons latéraux pour protéger le fruit, et particulièrement ceux qui pourraient nuire au bourgeon terminal et l'empêcher de suivre sa course longitudinale.

Sur une plantation de cinq ans qui pousse son sixième bourgeon, le cépage étant à peu près constitué, l'ébourgeonnement n'a plus rien d'élémentaire ; il se fait dans des conditions tout-à-fait ordinaires ; c'est-à-dire qu'il n'y a plus qu'à supprimer tous les ans, avant la fleur de la vigne, tous les bourgeons qui poussent sur le corps du cep et au moins sur un mètre de longueur, à partir de la souche, pour qu'il reste toujours flexible. Ensuite sur la partie pourvue de membres latéraux, on doit supprimer chaque année, dans l'intérieur du cépage, tous les bourgeons inutiles pour la taille, et qui étouffent presque toujours le fruit au moment de la fleur par la grande quantité de sève qu'ils absorbent au détriment des membres latéraux ou des verges fruitières, et même quelque fois du membre principal.

Quand le cépage d'une jeune vigne est trop vigoureux, on peut même lui faire subir une taille en vert, avec la serpe, quand le bourgeon commence à être ligneux, pour arrêter sa pousse démesurée et lui faire prendre sa forme, tout en protégeant son fruit.

En pratiquant chaque année l'ébourgeonnement tel que nous l'enseignons, on sera toujours sûr d'avoir un cépage bien formé, bien constitué et bien commode à détourner ; mais chaque année, après le dernier labour, quand il aura été remis en place, on fera bien de fixer la flèche ou la verge terminale à un petit charnier, ou tout simplement à une fourchine, par une petite ligature, pour la mettre en ligne droite avec le membre principal jusqu'à ce que le cep soit rendu à sa destination.

Ce petit travail se fait toujours à la journée, comme celui de l'ébourgeonnement, ainsi nous ne donnerons aucun chiffre, ni pour l'un ni pour l'autre; l'essentiel est de savoir le faire exécuter.

LA FORME

LA DIRECTION DES CHEINTRES

VII.

En faisant la taille sur un cep isolé, nous lui avons donné la forme d'une palmette très-allongée, et cette forme a été combinée pour répondre aux besoins de l'organisation générale des cheintres; mais il ne faudrait pas confondre la forme du cépage avec la forme des cheintres, car un cep isolé ne représente que la forme d'un cep; tandis que la forme d'une cheintre est représentée par un certain nombre de ceps plantés en ligne, dont tous les membres principaux sont dirigés en oblique sur un côté ou sur les deux côtés du rang de vigne, de manière à couvrir toute la superficie du terrain labourable, et par une organisation combinée avec les distances de plantation, à pouvoir donner, par leur concordance, la figure d'une cheintre.

Dans les anciennes cheintres de Chissay, la forme diffère beaucoup et n'a pas toujours été bien combinée avec les besoins de la culture. Dans la plupart d'entre elles, tous les membres d'un rang de ceps sont tirés sur le travers de la cheintre, perpendiculairement à la ligne de plantation, c'est-à-dire à angle droit, de manière que lorsqu'on veut en faire le détournement pour le passage de la charrue, on est obligé de leur faire décrire un mouvement circulaire d'au moins 135 degrés, ou de les renverser sur eux-mêmes, au risque de les tordre ou de les casser, et, surtout lorsqu'ils ont atteint l'âge de douze à quinze ans, ils résistent et ne se prêtent plus au détournement; ce qui fait perdre le bénéfice de la culture à la charrue, ou du moins, d'une grande partie, sans compter le temps que l'on passe en plus pour faire le détournement du cépage. Toutes ces difficultés commencent à faire ouvrir les yeux à tout le monde, et chacun cherche à les tourner pour les éviter : ainsi, dans les formes nouvelles, au lieu de diriger les membres principaux en travers de la cheintre, c'est-à-dire à angle droit, on les couche, après la première taille, longitudinalement sur la ligne de plantation, pour leur donner le pli; et la seconde année on les dirige en oblique, de manière que chaque membre principal ne s'écarte pas à plus de 45 degrés de la ligne de plantation; ce qui lui permet de circuler aussi bien d'un côté que de l'autre, et par un petit mouvement tournant de 90 degrés, tous les membres peuvent très-bien franchir la ligne de plantation pour laisser le champ libre à la charrue et à la voiture.

Ne nous occupons pas ici de la production : toutes les formes des cheintres sont bonnes pour donner du vin; avec une taille longue suivant la force de la pousse, le cépage le plus récalcitrant est bien obligé de se mettre à fruits, mais toutes les formes n'offrent pas les mêmes facilités de culture, et c'est pourquoi nous ne parlerons que des formes en obliques, aussi bien pour les cheintres à un membre que pour celles à deux membres; et nous les désignerons sous les noms : d'*oblique simple,* d'*oblique double* et d'*oblique droite,* pour les distinguer les unes des autres et en faire reconnaître les avantages ou les inconvénients, les qualités ou les défauts, par une explication que nous nous proposons de donner à la suite de chaque figure ou de chaque planche; car, en toutes choses, rien n'est parfait ici-bas, et s'il y a avantage d'un côté, il y a aussi souvent inconvénient de l'autre : c'est au praticien de savoir choisir la forme qui lui offre le plus de facilités dans sa culture, pour se soustraire aux nombreuses déceptions que la nature et l'imprévu réservent aux cultivateurs.

La forme des cheintres est toujours subordonnée à la plantation : si la distance des ceps sur la ligne de plantation n'avait pas été

bien calculée et bien combinée avec la forme que l'on propose
de donner à ses cheintres, quand viendrait le moment de les
diriger, après la première taille, on se verrait obligé de subir
une forme qui ne serait point celle que l'on s'était proposée,
mais pour éviter une pareille déception, nous donnerons la distance moyenne que l'on doit laisser entre chaque rang de vigne,
et la distance entre chaque cep sur la ligne de plantation, d'après
les expériences faites par nous-mêmes, depuis plus de vingt-cinq
ans, sur chaque figure ou chaque forme de cheintre, et à la suite
desquelles nous donnerons l'explication et les renseignements
nécessaires pour démontrer la place que chaque cep doit occuper, le mécanisme qui lui permet de se détourner, et enfin le
jeu et le rôle qu'il doit jouer avant, pendant et après la culture;
car, pendant vingt-cinq ans, nous n'avons cessé de retourner les
cheintres sur toutes les faces et d'épuiser toutes les combinaisons
pour obtenir ce résultat. On trouvera peut-être que les formes
des cheintres de Chissay, prises dans leur ensemble général, ne
ressemblent guère à celles que nous représentons ici. La raison
en est bien simple, c'est que nous avons choisi de préférence
tous les plus beaux types, comme forme raisonnée, et pouvant
offrir des facilités de cultures pratiques, en nous appuyant sur
des principes élémentaires pour arriver plus vite au perfectionnement de cette culture, qui est le principal but que nous cher-
chons à atteindre (1).

Commençons d'abord par examiner la forme des cheintres dont
le cépage est dirigé sur deux membres principaux, puisqu'elles
sont les plus anciennes et les plus répandues dans le pays. Nous
les représentons sur les trois premières planches, peut-être un
peu mieux perfectionnées qu'elles ne le sont sur le terrain, mais
nous les faisons figurer telles qu'elles devraient être faites.

Pour la forme des cheintres dont le cépage n'est composé que
d'un seul membre, nous la représentons sur les 4e, 5e et 6e
planches. On trouvera peut-être un peu trop de symétrie dans

(1) Et cependant nous pourrions en faire voir sur le terrain tels que
nous les représentons sur le papier.

la forme du cépage et trop de régularité dans sa direction; mais si on veut suivre les principes que nous indiquons à la taille, on verra le cépage se former tout naturellement et avec beaucoup moins de peine que tous les vignerons s'en donnent pour obtenir des formes dont les membres sont tordus, coudés, pleins de sinuosités, souvent faits comme des béquilles ou comme des anses de seilles, et même quelquefois comme des Z, faute de principes et de raisonnement dans la taille; il en est de même pour la direction : les membres sont entassés les uns sur les autres sur certains points, tandis que, sur d'autres, c'est le vide qui fait suite à l'encombrement, faute de ne pas avoir su tailler ni diriger : la sève se trouvant arrêtée par les sinuosités, ne pouvant plus arriver jusqu'aux membres latéraux, il en résulte des vides qu'il est impossible de combler; tandis qu'avec les principes généraux que nous indiquons, les difficultés disparaissent et la forme s'affirme tout naturellement. Les membres principaux se trouvent placés à une égale distance les uns des autres, ce qui fait disparaître le vide ou l'encombrement, pour laisser. à chaque membre sa liberté d'action, tout en donnant à la forme des cheintres plus de symétrie et moins de complication.

Explication de la 1re planche.

Cette forme représente ce que nous désignons sous le nom d'oblique simple, elle est mal constituée, mais si nous lui en donnons le nom, quoiqu'elle n'en ait pas la forme, c'est parce que ses deux membres principaux se dirigent du même côté. Cette forme n'est guère utilisée que pour les rangs de rives, la propriété étant infiniment morcelée, l'usage est de planter à cinquante centimètres de la ligne séparative, et comme on n'a pas le droit de couvrir le terrain de son voisin, on dirige les deux membres principaux du même côté, en leur faisant décrire un demi-cercle sur son propre terrain pour le couvrir en travers de la cheintre.

Pour cette forme, la distance des ceps sur la ligne de plantation devrait être de deux mètres cinquante centimètres, telle que nous la donnons; mais on ne la laisse guère que de deux mètres.

La distance entre chaque cheintre est de quatre à cinq mètres, suivant la richesse du sol ou la vigueur du cépage, distance qu'elle se partage avec sa voisine.

Quand elle a atteint l'âge de douze ou quinze ans, le détournement de ses membres n'est plus guère possible, et elle a aussi l'inconvénient de laisser à découvert toute une bande de terrain le long de la rive, sur une largeur de près de un mètre, si on ne laisse pas naître des membres latéraux jusque sur la souche, ce qui nuit toujours au développement du cépage, à sa forme et à sa fructification; aussi on l'abandonne tous les jours pour la remplacer par l'oblique simple, qui ne porte qu'un seul membre, plus facile à conduire et plus commode à détourner.

Pour la production, elle donne autant de fruits que les autres; mais nous ne donnerons le conseil à personne de l'adopter.

Explication de la 2ᵉ planche.

Elle représente la forme d'une oblique double, dont les deux membres principaux prennent aussi la forme d'un V très-ouvert ou d'un angle aigu, prenant naissance à la souche et n'ayant pas plus de 90 degrés d'ouverture, c'est-à-dire que l'écartement de chaque membre ne doit pas dépasser 45 degrés à partir de la ligne de plantation pour ne pas rendre leur détournement impossible.

Pour cette forme, la distance des ceps sur la ligne de plantation doit être de deux mètres, et la distance entre chaque rang de vignes ou de chaque cheintre, de quatre mètres, ce qui donne environ 1,250 ceps à l'hectare. Qand le sol est assez riche, on pourrait bien faire la plantation à cinq mètres, mais un trop grand développement devient toujours embarrassant pour faire la culture, et le détournement est déjà assez difficile avec les cheintres à deux bras partant de la souche qui, nécessairement, sont obligés de passer l'un par dessus l'autre pour franchir la ligne de plantation et de se couvrir réciproquement l'un après l'autre, ce qui fait toujours produire une courbe sortante sur la partie flexible de chaque membre qu'on vient de détourner et qui gêne le passage de la charrue.

Comme forme, elle figure assez bien, mais elle exige du vigneron beaucoup de soins et beaucoup de savoir pour maintenir ses deux membres en équilibre, dontl'un ne manque jamais de s'emporter au détriment de l'autre, mais quand on sait bien la conduire, elle est encore la meilleure de toutes les formes dont le cépage se compose de deux membres principaux.

Explication de la 3e planche.

Cette figure représente encore la forme d'une oblique double, mais les deux membres principaux prennent une direction diamétralement opposée en se tournant le dos et en coupant la ligne de plantation en X, avec une petite courbe à la base de chaque membre ; au lieu de marcher parallèlement comme à la forme précédente, mais toujours pour faciliter le détournement de chaque membre principal, quoique la combinaison ne soit pas la même.

Pour cette forme, les distances de plantation entre chaque cep et la largeur entre les cheintres sont les mêmes que pour la forme précédente, et le nombre des ceps est d'environ 1,250 à l'hectare. Elle ne figure pas sur le terrain aussi bien que la précédente, mais le détournement est un peu plus facile à partir de la sonche, quoique les membres principaux viennent se placer en travers de ceux qui se trouvent de l'autre côté de la cheintre , cela n'empêche pas la charrue d'approcher: mais quand il s'agit de remettre en place , pour recommencer de l'autre côté, on ne sait souvent plus de quel bout s'y prendre.

Pour la taille et la conduite, elle exige encore beaucoup de savoir, et il en est de même pour toutes les cheintres dont le cep se divise en deux parties: l'un des deux membres gourmande toujours l'autre et finit par l'affaiblir, et même quelquefois par le détruire, car le vigneron n'a ni assez de savoir, ni assez de pouvoir pour rétablir l'équilibre entre les deux membres principaux.

Quand l'un vient à manquer, c'est un vide bien difficile à combler : le membre survivant dominera toujours celui qu'on pourrait obtenir de la souche comme membre de remplacement, et même en employant les moyens que nous indiquons à la taille.

En résumé, pour toutes les cheintres dont le cépage se compose de plusieurs membres partant de la souche, elles ne laissent rien à désirer pour la production ; mais elles sont plus difficiles à tailler, à équilibrer, à diriger, à détourner, à labourer et à marrer que les cheintres dont le cep n'est composé que d'un seul membre ; il résulte de toutes ces difficultés des complications qui embarrassent le cultivateur, tout en compromettant une partie de l'économie qui, à juste titre, fait la réputation de cette culture.

Explication de la 4ᵉ planche.

Abordons et examinons maintenant la forme des cheintres dont le cépage n'est dirigé que sur un seul membre.

La quatrième planche représente la forme d'une oblique simple, c'est-à-dire qui ne couvre le terrain que d'un seul côté, aussi on l'utilise toujours de préférence pour les rangs de rives qu'on ne doit planter, suivant l'usage, qu'à cinquante centimètres du voisin, n'ayant pas le droit de les laisser s'étendre au-delà de la ligne séparative des deux héritages ; mais si les propriétaires riverains savaient s'entendre, au lieu de planter à cinquante centimètres, ils feraient leurs plantations à deux mètres, et ils auraient l'avantage de pouvoir les diriger sur les deux côtés de la plantation, en cultivant à la charrue ce qu'ils sont obligés de marrer au pic entre la rive et le rang de ceps, et l'oblique simple deviendrait inutile ; mais le peu de largeur des parcelles ne le permettrait pas toujours ; d'ailleurs, cette forme est facile à conduire, par le moyen que la sève se trouve canalisée dans l'intérieur du membre principal de chaque cep et qu'il n'y a d'équilibre à tenir qu'entre les membres latéraux.

Pour cette forme, la distance des ceps sur la ligne de plantation doit être au moins de deux mètres, et si on voulait l'admettre pour planter toute la superficie d'une pièce de terre, à l'exclusion de toutes les autres formes intermédiaires, la distance moyenne

entre chaque rang de vignes serait de quatre mètres, et le nombre
des ceps serait d'environ 1,250 à l'hectare.

Le membre principal sur un mètre de longueur, à partir de la
souche, flexible et dépourvu de membres latéraux, doit suivre à
peu près la ligne de plantation, et ce n'est qu'au-delà d'un mètre
qu'il se dirige en oblique pour couvrir le terrain ; mais il ne doit
pas s'écarter à plus de 45 degrés de la ligne de plantation, pour
ne pas rendre le détournement impossible. Le premier membre
latéral placé du côté de la rive, qui fait suite à la partie flexible,
doit couvrir avec sa verge le terrain qui se trouve entre la rive et
la ligne de plantation.

Explication de la 5e planche.

La cinquième planche représente la forme d'une oblique double,
c'est-à-dire qu'elle se dirige sur les deux côtés de la plantation
en même temps : le premier cep se dirige à droite et le second
à gauche, le troisième à droite et le quatrième à gauche, et ainsi
de suite, sur toute la longueur de la cheintre jusqu'au dernier
cep, de manière que les membres principaux couvrent le terrain
une fois plus vite qu'avec l'oblique simple, puisqu'ils couvrent à
droite et à gauche, en se partageant sur les deux côtés du rang
de vigne.

Chaque année, en faisant la taille, pour éviter l'encombrement
on doit toujours tenir les membres latéraux avec leurs verges à
fruits aussi rapprochés que possible du membre principal.

Pour la distance des ceps sur la ligne de plantation, elle doit
être en moyenne, de un mètre vingt-cinq centimètres, et la largeur
des cheintres entre chaque ligne doit être de quatre mètres ; mais,
quand le sol est riche et le cépage vigoureux, on peut très-bien
donner une largeur de cinq mètres. En moyenne, le nombre des
ceps est d'environ 2,000 à l'hectare.

Cette forme, telle qu'elle a été combinée, est incontestablement
la plus avantageuse de toutes : elle se détourne facilement en
faisant passer tous les ceps d'un seul côté de la cheintre pendant
qu'on fait le labour ; et, quand il est fait, tous les ceps repassent

sur le terrain labouré. Enfin, quand le travail est entièrement fini, chaque cep reprend sa place primitive en se partageant sur les deux côtés.

Le plus grand avantage qu'on puisse obtenir de cette forme, c'est de pouvoir couvrir quatre mètres de terrain en deux tailles, et en deux années, sur la largeur, et par le moyen de la plantation faite à un mètre vingt-cinq centimètres qui, au premier coup d'œil, paraît un peu trop rapprochée ; mais si on s'explique le partage des ceps sur les deux côtés du rang de vignes, on n'aura pas de peine à reconnaître qu'en réalité, la distance entre chaque membre principal est de deux mètres cinquante centimètres, et cette distance est bien suffisante pour recevoir les membres latéraux et les verges à fruits ; mais l'avantage de la plantation faite à un mètre vingt-cinq centimètres porte particulièrement sur les membres principaux, en pratiquant les procédés que nous indiquons à la première et à la deuxième taille, de manière que les deux pousses réunies au bout l'une de l'autre, après avoir reçu la troisième taille et avoir été couchées en obliques, sur les deux côtés de la plantation, peuvent très-bien avoir pris chacune un développement de deux mètres à deux mètres cinquante centimètres, et sans altérer le sujet jusqu'à la deuxième taille ; car les membres latéraux sont peu nombreux et doivent être tenus très-courts pendant les deux premières années, pour ne point entraver la sève qui doit toujours suivre son canal régulier et direct.

Naturellement, si tous les ceps d'une oblique double ont le développement indiqué plus haut, après la deuxième taille, divisés par moitié et dirigés à droite et à gauche de la ligne de plantation, — ce qui peut doubler la largeur du terrain couvert et la porter jusqu'à quatre mètres en deux tailles et en deux années, chose qu'il est impossible d'obtenir d'une autre forme, le seul reproche qu'on puisse lui adresser, c'est d'être un peu plus coûteuse de plantation ; mais c'est justement ce qui permet de pouvoir couvrir en deux tailles toute la superficie du terrain et de doubler sa production dès l'âge de cinq ans.

Cette forme convient particulièrement pour les espèces peu vigoureuses, telles que le gros noir ; mais au lieu de laisser des

verges entières au bout des membres latéraux, on ne devra laisser
que de grands poussiers, d'une longueur moyenne de six à huit
cossons, selon la force de la pousse, et, sur la ligne de plantation,
la distance d'un cep à l'autre ne doit être que d'environ soixante-
quinze à quatre-vingts centimètres, pour toutes les espèces peu
vigoureuses.

Explication de la 6ᵉ Planche.

La sixième planche représente la forme d'une oblique droite,
c'est-à-dire que le corps du cep ou le membre principal s'incline
en ligne droite et horizontalement sur la ligne de plantation, pour
couvrir la distance qu'il y a d'un cep à l'autre, de manière que
le pied de celui qui marche en avant se trouve couvert par la
pointe de celui qui marche derrière lui, afin de couvrir sa partie
flexible, qui se trouve toujours dépourvue de membres latéraux,
sur au moins un mètre de longueur, à l'effet de faciliter le détournement par une bifurcation qui vient tomber à cheval sur le
corps de chaque cep, pour y être fixée tous les ans, après la dernière façon, par une petite ligature qui empêche le roulement et
l'agitation occasionnés par les vents.

Cette forme peut encore être comparée à un cordon longitu-
dinal, allant d'un cep à un autre et pourvu de membres latéraux
sur les deux côtés du cordon, avec des verges à fruits à droite et à
gauche, pour couvrir la moitié de l'espace qui se trouve entre
chaque rang de vignes et pour qu'il ne reste point de vide entre
chaque cheintre, ni d'encombrement dans l'intérieur du cordon :
les membres latéraux devant toujours être plus allongés que pour
les autres formes, ce qui donnera du siége et de la solidité à
toute la charpente du cépage.

Pour cette forme, la distance des ceps, sur la ligne de plantation, ne doit guère dépasser trois mètres, même dans les sols les
plus riches, ce qui donne un développement d'environ quatre
mètres, puisque la pointe de chaque cep a pour mission de couvrir
le cep de celui qui marche en avant.

La distance entre chaque cheintre ne doit pas dépasser quatre mètres, et même on pourrait la réduire à trois dans tous les terrains médiocres, et surtout dans les terrains qui sont épuisés par d'anciennes cultures de vignes ; mais ce n'est pas une économie, car le terrain qui reste vide entre les cheintres n'est pas du terrain perdu ; la racine en profite pour allonger son parcours, et l'air circule plus librement entre chaque cheintre.

Le nombre de ceps n'est que d'environ 825 à l'hectare, et c'est pourquoi le terrain se couvre un peu moins vite qu'avec les autres formes, et aussi à cause de sa direction longitudinale, qui demande au moins trois tailles consécutives pour franchir l'espace d'un cep à un autre, avant de pouvoir laisser les membres latéraux se développer régulièrement.

Malgré ce petit inconvénient, c'est peut-être encore la forme qui conviendrait le mieux pour les grandes cultures à cause de sa simplicité et surtout des facilités de culture qu'elle peut offrir aux propriétaires qui font tout faire par la main d'autrui ; car il suffit d'un petit mouvement tournant de 45 degrés de droite à gauche ou de gauche à droite pour faire mouvoir toute la charpente du cépage en la faisant pivoter sur sa souche ; et le cep aurait-il cinquante ans qu'il ne résisterait pas au détournement par rapport à sa direction longitudinale. On pourrait encore modifier cette forme très-avantageusement, en rapprochant un peu les ceps sur la ligne de plantation et en donnant plus d'extension aux membres latéraux, ce qui élargirait le siége du cépage, donnerait de l'air à l'intérieur et l'empêcherait d'être roulé par les vents qui viennent le prendre en travers, comme il arrive fort souvent dans les cheintres, où les membres principaux ont un trop grand développement.

Nous ne donnerons pas le conseil d'appliquer cette forme sur des terrains trop gelifs, c'est-à-dire dans les bas fonds ; car, quand la gelée du printemps porte sur les jeunes bourgeons plusieurs années de suite, la sève se trouve refoulée dans les membres principaux ; n'ayant plus d'issue naturelle, elle crève les écorces, après avoir noyé l'aubier, elle vient se coaguler autour du vieux bois comme des boules de liége, c'est ce qu'on appelle vulgairement la *Gale*. Cette maladie étant mortelle pour tous les membres qui en sont atteints, il en résulte un grand préjudice, particulièrement pour ceux dont la forme exige un long développement, puisqu'il faut au moins trois tailles pour franchir la distance d'un cep à un autre, et à condition que la souche aurait donné un bourgeon suffisamment vigoureux.

Dans tous les terrains fragiles, l'oblique double est préférable; car, en deux années, tous les membres peuvent être remplacés et le terrain recouvert.

La forme en oblique droite peut encore offrir une petite économie sur les autres formes : c'est qu'après lui avoir donné son premier labour, on peut sans inconvénient laisser les ceps détournés jusqu'au second, sans avoir besoin de les remettre en lignes; ce n'est qu'après la dernière façon qu'on est obligé de leur donner la direction longitudinale, mais c'est toujours une manœuvre de moins à faire sur les deux façons de terre.

Pour obtenir la forme des cheintres que nous faisons figurer dans l'intérieur de ce chapitre, nous le dirons encore une fois, il est absolument nécessaire de suivre exactement les distances de plantation que nous indiquons. il est également nécessaire de suivre les règles de la première et de la deuxième taille, ainsi que les opérations préparatoires qui les précèdent, car en suivant les principes élémentaires qui sont aussi simples que naturels: on obtiendra la forme qu'on désire et en même temps le mécanisme qui est indispensable pour faire le détournement du cépage.

En résumé, toutes les cheintres dont le cépage n'est composé que d'un seul membre, sans distinction de forme, sont beaucoup plus faciles à conduire et à diriger que les cheintres qui portent plusieurs membres au même cep: d'abord il n'y a point d'équilibre à tenir, puisque la sève se trouve canalisée dans l'intérieur d'un seul membre principal qui la distribue à tous les membres latéraux comme étant le grand collecteur. La taille est raisonnée et faite par principe, ce qui la rend d'autant plus facile à enseigner; le détournement est plus vite fait, et sans avoir besoin de renverser le cep sur lui-même, comme on le fait encore dans les vieilles cheintres; la charrue approche plus près du cep, et réduit la part du pic presque à zéro. Dans son ensemble le terrain est mieux couvert et la production est au moins égale à celle des cheintres à deux membres, c'est pourquoi nous ne craignons pas d'affirmer qu'avant dix ans la plupart des nouvellles plantations seront dirigées sur un seul membre.

LE DÉTOURNEMENT DU CÉPAGE

VIII.

Quand on se dispose pour labourer ses cheintres, on commence par débarrasser le terrain, à toutes les deux cheintres, en faisant passer sur l'une d'elles tout le bois de ses deux voisines, par un mouvement tournant de droite à gauche ou de gauche à droite et que nous expliquerons un peu plus loin.

Dès que la première cheintre est labourée, on recommence à passer tout le bois sur le terrain cultivé derrière la charrue pour débarrasser, au fur et à mesure, les cheintres qui sont restées en arrière, afin de les reprendre au retour de la charrue; et en employant toujours les mêmes moyens que nous venons d'indiquer pour les premières.

Ce petit travail est à recommencer toutes les fois qu'on veut labourer les cheintres ou bien y conduire des engrais avec la voiture. Il est ordinairement fait par des femmes, mais il exige plus ou moins de temps, selon la bonne ou la mauvaise direction des cheintres.

Pour mieux démontrer le détournement du cépage, nous donnons ici, par le dessin, une planche représentant deux obliques doubles redoublées sur elles-mêmes et détournées sur les deux cheintres voisines, tandis que le terrain du milieu se trouve entièrement découvert pour le passage de la charrue.

Explication de la 7ᵉ Planche.

Avant le détournement d'une oblique double, tous les membres principaux sont partagés par moitié sur les deux côtés du rang de vignes, tandis qu'après le détournement, ils se trouvent tous placés sur les deux côtés; c'est-à-dire que ceux qui étaient dirigés du côté intérieur sur la ligne de A à B sont à présent repassés du côté extérieur et replacés, l'un entre deux, sur la ligne de A à C et sur les cheintres voisines.

Pour opérer, on prend le corps de chaque cep vers la naissance des premiers membres latéraux et, par un mouvement circulaire de droite à gauche ou de gauche à droite, en faisant pivoter le cep sur sa souche, on fait décrire à la pointe un circuit d'environ 90 degrés pour franchir la ligne de plantation, c'est-à-dire de B à C.

Pour rendre la manœuvre plus facile, il faut toujours marcher dans le sens de la plantation, c'est-à-dire du côté qu'elle incline, et en s'y prenant ainsi, le travail se fait souvent d'une seule main et les jambes ne se trouvent jamais embarrassées par le corps des ceps que la main détourne au fur et à mesure que l'on marche en avant. Quand tous les membres principaux d'une cheintre sont passés sur un seul côté, il en résulte un certain encombrement et même quelquefois ils se trouvent entassés les uns sur les autres; mais cela ne peut durer que le temps de labourer le terrain, il n'y a rien de préjudiciable ni pour le fruit ni pour le bois; aussitôt que la charrue a fini son travail, on ramène à leur place primitive tous les ceps qui ont été détournés et ensuite tous ceux qui couvrent les deux cheintres voisines, pour les cultiver comme la première, en procédant toujours de la même manière que nous indiquons plus haut.

Pour le détournement d'une oblique simple, tous les membres principaux passent également du côté opposé, c'est-à-dire de l'autre côté de la ligne de plantation, en procédant toujours de la même manière, comme nous venons de l'indiquer pour l'oblique double. Le détournement de l'oblique droite est encore beaucoup plus commode, à cause de sa position longitudinale sur la ligne de plantation. Le plus petit mouvement en oblique, à droite ou à gauche, suffit pour faire passer toute la charpente du cépage sur l'une ou sur l'autre des deux cheintres voisines. Pour opérer le détournement, il suffit de prendre le cep par la tête, en le faisant pivoter sur sa souche, par un mouvement tournant d'environ 45 degrés, à partir de la ligne de plantation.

Comme on peut le voir, le détournement des cheintres à un seul membre n'est qu'un jeu combiné pour faciliter le passage de la charrue, et non pas un travail compliqué comme dans celles à deux membres.

Pour les cheintres dont le cépage est composé de deux membres, le détournement est beaucoup plus difficile, car il n'y a ni règles, ni principes à suivre, et comme les membres principaux n'ont aucune concordance entre eux, on les détourne, comme on peut, les empêchant, avec des charniers ou des fourchines, de revenir pendant qu'on laboure le terrain. Ils se trouvent entassés pêle-mêle, les uns sur les autres, et souvent renversés sur eux-mêmes, la face contre terre, en laissant une grande courbe au pied de chaque cep, qui barre le passage de la charrue et l'empêche de pouvoir approcher jusqu'à la souche; aussi, est-on obligé de laisser plusieurs rangs de maryage pour ne pas tordre ou casser les membres principaux. Mais quand il s'agit de les remettre en place, on ne sait souvent plus comment s'y prendre, et surtout après la seconde façon, quand les jeunes bourgeons sont chargés de fruits ou de feuilles et ont déjà pris un certain développement.

Il faut vraiment avoir une grande habitude pratique et beaucoup de patience, pour exécuter un pareil travail, aussi, dans les vieilles cheintres de Chissay, il n'est pas rare de voir trois personnes occupées à faire le détournement pour une seule charrue; mais des trois formes des cheintres à deux membres que nous faisons figurer, c'est encore celle que nous représentons sur la troisième planche, qui offre le plus de facilité et qui se prête le mieux au détournement du cépage.

En résumé, si le cépage est facile à détourner, le travail est plus vite fait; la charrue approche plus près et le marrage au pic se trouve réduit à l'épaisseur de la souche.

Ainsi, le détournement du cépage contribue donc pour une large part dans l'économie de la culture en cheintres, et c'est toujours en faisant le détournement du cépage qu'on aperçoit toutes les fautes qui ont été commises à la plantation ou à la direction, mais surtout à la taille; car, c'est en faisant la taille, qu'on peut donner à chaque cep la forme qui doit permettre le détournement, et c'est toujours une grande faute, quand la vigne est encore jeune, de ne pas vouloir sacrifier quelques litres de vin, pour obtenir des facilités de culture qui doivent durer aussi longtemps qu'elle, et réduisent chaque année une grande partie du travail.

Avis aux propriétaires qui font tout exécuter par la main d'autrui.

CULTURE A LA CHARRUE

ENGRAIS ET AMENDEMENTS

DANS

LES VIGNES EN CHEINTRES

IX.

Si nous traitons ces deux questions dans le même chapitre, c'est qu'en faisant la culture à la charrue, on peut très-bien enfouir les engrais, ou du moins faire une grande partie du travail avec elle, pour réduire d'autant celui du pic ou de la pioche ; mais nous ne les traiterons que l'une après l'autre, et en commençant par celle de la culture à la charrue.

CULTURE

La plus grande économie qu'on puisse obtenir des vignes plantées en cheintres, c'est de pouvoir les cultiver à la charrue. On se plaint déjà depuis longtemps que les bras manquent dans beaucoup de vignobles ; avant vingt ans la crise sera terrible pour tous les propriétaires qui n'auront que des vignes plantées en plein et qui ne pourront pas les cultiver eux-mêmes ; les vendre, les arracher ou les laisser en friche, ils n'auront que l'embarras du choix. Ainsi, il ne suffit pas seulement de *voir* il faut tout *prévoir :* la marée monte !

Depuis déjà bien des années, tous les hommes intelligents : viticulteurs, charrons, forgerons, mécaniciens, sont à la recherche d'une charrue pour cultiver les vignes. La charrue vigneronne, sous différentes formes, a déjà rendu de grands services dans les vignes plantées en lignes et conduites sur fil de fer. Aujourd'hui, cette charrue est à peu près arrivée à son dernier perfectionnement ; elle verse bien la terre et nettoie bien la raie ; mais elle manque de point d'appui, sa roulette ne suffit pas. Elle fonctionne bien dans les terres douces, mais quand le sol est pierreux et la terre trop sèche, elle saute et fait des déviations que les bras les plus robustes ne peuvent pas toujours contenir, ni même l'empêcher de sortir de la terre.

Dans certaines plantations, son palonnier laisse à désirer : il froisse un peu les verges à fruits quand elles sont trop élevées.

Malgré ces quelques observations, nous sommes loin de méconnaître tous les mérites de la charrue vigneronne et surtout les grands services qu'elle a déjà rendus à la viticulture et qu'elle doit encore lui rendre en certains lieux et en certaines circonstances.

Dans les vignes plantées en cheintres, surtout dans celles qui sont bien dirigées, toutes les charrues sont bonnes, et la meilleure de toutes est encore celle dont la perche prend son point d'appui sur un avant-train. Elle est moins sujette aux variations et quand la charpente du cep se détourne facilement, on peut, pour faire la dernière raie, approcher aussi près de la souche qu'avec une charrue vigneronne ; en ayant soin de mettre la perche sur la première coche de la sellette, (ou hors châsse) le soc suivra la trace de la rouelle gauche, presque en effleurant la souche, sans l'endommager, de manière à ne laisser qu'une largeur de 0^m 25 c. sur la ligne de plantation. Serait-il possible d'en obtenir davantage avec une charrue vigneronne ?... nous ne le croyons pas.

Dans toutes les plantations faites par cheintres, le *secret* de la culture à la charrue n'est pas dans la *charrue*, où on le cherche depuis si longtemps, il est dans le *mécanisme de la taille* et dans la *forme du cépage*; aurait-on la meilleure de toutes les charrues vigneronnes, si le cépage ne se détourne pas bien, il est impossible que la charrue approche de la souche sans endommager la vigne.

En résumé, la charrue vigneronne peut être utilisée dans certains sols ou dans certaines cultures, et même à Chissay pour la culture des petites parcelles enclavées, où il n'y a pas de chemins póur tourner ni pour arriver : car pour tourner elle exige moins d'espace, et pour arriver elle peut être portée à l'épaule; mais, pour les grandes cultures en cheintres, bien plantées et bien dirigées, c'est toujours à la charrue qui prend son point d'appui sur un avant-train que nous donnerons la préférence.

Chaque année, pour la culture des cheintres, on donne ordinairement deux façons de terre, en formant une grande planche un peu bombée et de la largeur de quatre mètres en moyenne, en suivant la distance de plantation; de manière que le rang de ceps se trouve placé sur le milieu de la planche et en ligne sur son sommet. Entre chaque planche, à la dernière façon et à sa dernière raie, la charrue creuse un sillon pour l'écoulement des eaux en hiver et qui sert également de passé-pied entre chaque rang de vigne, pour le besoin du travail pendant toute l'année.

Le premier labour qu'on donne aux cheintres se fait toujours dans le courant de mars ou d'avril, selon la nature du sol : plus le sol est chaud et plus il a besoin d'être cultivé de bonne heure, plus il est froid et plus il a besoin d'être cultivé tard. Mais, en outre de cela, on doit, autant que possible, choisir une période de beau temps. Quand cette première façon est bien faite et que le guéret n'a point été battu par les pluies, la terre reste bien meuble toute l'année, s'il n'arrive rien d'extraordinaire.

Le second labour, qui est la dernière façon de l'année, se donne toujours dans le courant de juin, un peu avant la fleur de la vigne, si le temps le permet.

A la première façon, on commence toujours par entamer la planche le long du petit sentier, en versant la terre dessus pour le combler avec les deux premières raies de la charrue versées l'une contre l'autre, de manière que, quand la planche est entièrement labourée, elle a complétement changé de place; c'est-à-dire qu'elle se trouve replacée entre deux rangs de vignes jusqu'à la seconde façon, et les rangs de ceps eux-mêmes se trouvent déchaussés par les deux dernières raies, qui ne laissent sur la ligne de plantation qu'une petite bande de terrain qu'on cultive au pic ou à la pioche, et seulement pour la propreté de la culture, car c'est la charrue qui donne tout le guéret à la racine de la vigne;

mais ces deux dernières raies doivent être prises à fleur de terre pour ne point endommager la racine qui part de la souche presque au niveau du sol.

Cette première façon terminée, on peut donner un coup de herse pour briser les mottes et déraciner les herbes, ce qui rend le guéret plus fin et empêche le hâle de pénétrer. Ensuite, il n'y a plus qu'à remettre tous les ceps en place et à étaler les verges à fruits sur le guéret frais, en attendant la seconde façon ; mais, quand la vigne commence à pousser, pour prévenir la gelée printanière, mieux vaudrait relever tous les membres principaux sur de grandes fourchines, et les y laisser jusqu'à ce que la gelée ne soit plus à craindre, c'est-à-dire au moment d'abaisser les verges.

Quand le temps est venu de donner la seconde façon, on détourne encore le cépage, comme nous l'avons indiqué au chapitre spécial, en faisant passer tout le bois d'une cheintre sur l'autre et, quand le terrain est libre, la charrue commence par entamer la planche en rejetant ses deux premières raies contre les rangs de ceps, pour les rechausser, en recouvrant les petits rangs de marrage faits au pic sur la ligne de plantation, de sorte que quand la charrue a versé les deux dernières raies en rouvrant le petit sentier mitoyen, le rang de ceps se retrouve placé sur le milieu de la planche bombée, comme avant la première façon.

Il n'y a plus, après cette dernière façon, qu'à herser le terrain labouré, si on le juge à propos, et à remettre tout le bois en place, avec précaution, en étalant les verges à fruits sur le guéret frais pour ne plus être dérangées que l'année suivante.

Si, par exemple, on voulait donner une fumure à la vigne, on pourrait profiter de cette dernière façon pour enterrer le fumier à la charrue. Dès que le cépage serait détourné, on devrait conduire le fumier avec une voiture et le mettre par petits monceaux sur les cheintres, ensuite le répandre à la pelle ou à la fourche sur toute la superficie du terrain labourable ; la charrue l'enterrera en donnant sa dernière façon.

En outre des façons qu'on donne régulièrement chaque année, on est quelquefois obligé, tous les quatre ou cinq ans, de donner une façon extraordinaire pour *rebomber* les cheintres, car la terre tend toujours à descendre et à s'aplatir, ce qui l'empêche de s'égoutter et de s'assainir.

C'est pourquoi nous avons déjà dit que la largeur des cheintres ne devrait jamais dépasser quatre mètres, car au delà de cette distance, il est presque impossible de les bomber; la trop grande largeur des planches leur donne toujours une forme plate qui permet à l'eau de séjourner au pied des ceps et empêche le soleil de réchauffer la terre, chose dont la vigne a si grand besoin dans les terrains froids et humides.

Ordinairement, cette troisième façon supplémentaire se fait après la vendange et en rejetant la terre contre le pied des ceps, c'est-à-dire sur la ligne de plantation.

Comme on peut le voir, l'introduction de la charrue dans les vignes en cheintres apporte la plus grande part d'économie au budget de cette nouvelle culture. Et dire que depuis plus de trente ans qu'elle est connue à Chissay, plus des trois-quarts des propriétaires vignerons n'ont encore fait qu'un pas en avant pour faciliter le passage de la charrue, de manière à labourer presque la totalité du terrain. Pour faire encore un pas et atteindre le but, dix années suffiront à peine, car la plupart d'entre eux se copient les uns sur les autres, sans chercher des combinaisons nouvelles pouvant leur donner des facilités de culture. Impossible de sortir de la vieille ornière et d'abandonner la routine du père Denis ; pourvu qu'on récolte beaucoup, on ne cherche pas à faire disparaître les obstacles qui rendent le travail si difficile et presque impraticable dans la plupart des cheintres de Chissay, et surtout dans les plus anciennes, où la charrue ne peut qu'avec bien de la peine faire la moitié du travail; le propriétaire ou le vigneron marre le reste au pic pendant que le cheval ne fait rien à l'écurie ; et pourtant le travail à la charrue vaut mieux que celui au pic ; il est plus vite fait, moins pénible et coûte moins cher.

Et dire encore que de grands agriculteurs, des directeurs de fermes-école, et même des inspecteurs d'agriculture sont venus visiter les cheintres de Chissay, et que pas un d'entre eux ne s'est douté qu'il était encore au milieu d'un gâchis inextricable ! Pas un ne s'est aperçu que cette culture manquait d'organisation et qu'elle ne pouvait guère être pratiquée que par des gens faisant tout par leurs mains ! Pas un d'entre eux n'a su donner un bon conseil, pour rendre la culture pratique à tous les degrés, et possible à tous les propriétaires, petits ou grands. Et même pas un n'a su distinguer les cheintres perfectionnées, offrant toutes les facilités de culture, d'avec celles dont tous les membres sont en désordre qu'on ne peut déjà ou qu'on ne pourra bientôt plus cultiver ni à la charrue ni au pic, à cause de la multiplicité des membres et de l'encombrement : faute de précision dans la plantation, faute de principes dans la taille, faute de direction et d'organisation dans la conduite du cépage et, enfin, faute de combinaison dans tout son ensemble ; et personne ne s'est aperçu de cela.

Pourrait-il en être autrement ? Ces messieurs se laissent souvent conduire par des personnes incompétentes, et toujours disposées à faire prévaloir leur système, en critiquant celui des autres, au lieu de chercher à éclairer les visiteurs sur le plus simple, le plus pratique et le plus économique de tous les systèmes.

La culture en cheintres a un grand avenir devant elle ; mais à la condition qu'elle se transformera de manière à rendre le détournement du bois plus facile, car, il faut le dire franchement, si on connaissait la dose de patience qu'il faut avaler rien que pour détourner le bois d'une vieille cheintre mal dirigée, on comprendrait que ce travail ne peut être fait que par des gens qui ont la certitude de ne travailler que pour eux. Mais le jour où cette transformation sera complète, la charrue ne trouvant plus d'obstacles devant elle, la culture en cheintres aura atteint son derdernier perfectionnement.

Pour nous, le plus ou le moins de mérite d'une cheintre doit être mesuré sur la largeur du terrain que la charrue ne peut pas labourer sur la ligne de plantation ; c'est-à-dire que moins elle en laisse au pic, et plus la cheintre a de mérite.

Dans une plantation bien dirigée, un cheval d'une force moyenne peut très-bien cultiver un hectare de vigne en cinq journées de travail, les deux façons confondues ensemble ; car la première est toujours plus difficile que la seconde, à dix francs par jour, soit, 50 fr.

Sur une plantation de quatre mètres entre les rangs, si la charrue ne laisse que vingt-cinq centimètres à cultiver sur chaque rang, il ne reste, pour le pic ou la pioche, que 6 ares 25 centiares; ce qui ne représente guère que le travail d'une journée d'homme, car il n'y a plus qu'à gratter la terre sur la ligne de plantation pour détruire l'herbe.

Ce petit travail ne doit être fait que huit à quinze jours avant de donner la dernière façon de charrue, pour ne pas être obligé de le faire deux fois, chose inutile, à moins que ce ne soit dans un terrain où il pousse beaucoup de mauvaises herbes.

Dans la saison, où l'on fait ce petit travail, le prix des journées est moins élevé qu'au mois de mars ou d'avril; donc on ne peut guère l'évaluer au-dessus de 5 à 6 fr.

Reste maintenant le détournement du bois pour le passage de la charrue et son replacement après la culture faite. En grande pièce et dans une plantation bien dirigée, une femme, bien au courant du travail, peut très-bien fournir une charrue; mais, comme les premières cheintres doivent être découvertes avant son arrivée, pour ne pas la faire attendre, on détourne toujours une journée à l'avance. Ce qui porte le travail d'un hectare à six journées de femme, qu'on ne peut guère obtenir dans le pays à moins de 1 fr. 50 c. par jour; et pour un hectare 9 fr.

RÉCAPITULATION :

Labourage	50 fr.
Marrage sur la ligne de plantation	6
Détournement du bois	9
Total	65 fr.

Ces chiffres ne sont donnés qu'à titre de renseignement, car ils peuvent varier chaque année, et même chaque saison, ou dans chaque localité, suivant la rareté des bras ou l'exigence des travailleurs; ils peuvent également varier selon la bonne ou la mauvaise organisation des cheintres, car, plus la charrue laissera de marrage à faire et plus le prix du travail sera élevé, tandis que si elle approche jusqu'au pied du cep, comme dans celle que nous prenons pour base, il se réduira au-dessous du chiffre que nous donnons.

ENGRAIS ET AMENDEMENTS

Quand un propriétaire a eu l'avantage de pouvoir planter ses vignes sur un terrain neuf, c'est-à-dire où la vigne n'a jamais été cultivée, les engrais sont, pour ainsi dire, inutiles pendant dix à quinze ans, à moins que ce soit sur un sol excessivement maigre et qui aurait besoin d'être rechargé de terre végétale; mais autrement la pousse est toujours assez vigoureuse et même quelquefois trop, pour donner des fruits, si on ne donne pas à la taille une longueur extraordinaire pendant les premières années.

Les engrais et les amendements ne sont indispensables, dans les vignes en cheintres, que quand la pousse se ralentit trop fort et que le feuillage commence à perdre sa belle teinte vert-foncé pour devenir jaunâtre. Ce sont là des signes d'affaiblissement occasionnés par le manque de nourriture et dont l'épuisement du sol est la cause première.

Lorsque le besoin d'engrais ou d'amendements se fait sentir par les symptômes que nous indiquons plus haut, si c'est dans un sol qui ne manque pas de terre végétale, le fumier est certainement l'engrais qui produira le meilleur effet: le fumier chaud et peu consommé, tel que le fumier de cheval pour les terrains froids, le fumier de vache ou le terreau pour les terrains chauds.

Le moyen le plus simple et le plus économique pour l'enfouir est de le répandre sur les cheintres, un peu avant la deuxième façon; la charrue fera tout le travail en même temps et les radicelles ou les suçoirs pourront encore en profiter avant et pendant la maturation du fruit.

Le seul reproche qu'on puisse lui adresser, c'est de faire pousser beaucoup de crasse à l'automne, mais dans certains terrains seulement.

Le marc de raisin, enfoui de cette manière, produit un très-bon effet et immédiatement, comme tous les engrais répandus sur toute la superficie du terrain et qu'on enterre à la charrue, pendant la végétation, en faisant le dernier labour.

Les autres fumures se font ordinairement au printemps ou à l'automne, en ouvrant des *aujoux* entre tous les rangs de vignes et au milieu, c'est-à-dire dans le petit sentier qui sert à l'écoulement des eaux et qui se trouve déjà avoir été creusé par la charrue en faisant la dernière façon; mais pour économiser le travail du pic et de la pelle, on creuse un bon sillon dans le petit sentier en faisant passer la charrue deux fois de suite dans la même raie et le travail sera aux deux tiers fait, mais l'aujou n'aura pas assez de largeur ni peut-être assez de profondeur. Le pic et la pelle se chargeront de lui donner les dimensions nécessaires; c'est-à-dire environ trente centimètres de profondeur et au moins soixante de largeur.

Quand les aujoux sont ouverts, si le fumier est en dépôt proche la vigne, le moyen le plus expéditif est de le conduire dedans avec une brouette et, après l'avoir étendu, rabattre la terre par-dessus avec le pic ou la pelle; mais ce travail ne doit être fait que quand la terre est saine, car le fumier enterré dans la boue ne porte jamais profit à la vigne et, même quelquefois, il la rend languissante pendant toute l'année

Si au lieu de fumier, on voulait remplir les aujoux avec des engrais végétaux, tels que les bourrées de bruyères, d'ajoncs, de sapin ou autres essences végétales, ce qui ne manquera pas d'attirer la racine à une certaine profondeur en terre et à lui faire prendre un grand développement; mais pour que ces engrais produisent un bon effet, il faut les enfouir encore verts, de manière que la fermentation se fasse dans la terre.

Avec ce dernier mode, on fume et on draine en même temps, et il convient particulièrement aux terrains humides et spongieux.

Comme engrais, on emploie bien aussi les débris de laine, le chiffon et la corne; mais rien n'est agréable à la vigne comme le fumier et l'engrais végétal et, dans tous les sols perméables, où

7

la terre n'a pas besoin d'être divisée ni assainie, c'est toujours le fumier qui est le plus profitable. De petites fumures données de temps à autre et à quelques années d'intervalle, produiront meilleur effet qu'une trop grande quantité de fumier donnée d'une seule fois; la pousse devient trop active, au détriment du fruit, et, au bout de quelques années, la vigne tombe souvent victime de son intempérance, avant d'avoir récompensé le propriétaire du sacrifice qu'il a fait pour elle.

Donner peu et souvent, c'est le meilleur moyen d'entretenir sa vigne au même degré de végétation et de fructification.

Dans les vignes en cheintres, on doit toujours tâcher de faire prendre beaucoup d'extension à la racine, aussi pour qu'elle reste toujours embouchonnée, ne devrait-on jamais mettre le fumier au pied du cep. Si la vigne est jeune, le fumier doit être placé à une faible distance; étant trop éloigné, la racine ne pourrait pas l'atteindre et n'en profiterait pas; mais, dans une vieille cheintre, il doit être répandu sur toute la surface du terrain et enterré à la charrue ou placé dans des aujoux, à l'extrémité des racines, de même que les engrais végétaux.

Dans un sol maigre et peu profond, les amendements sont préférables aux engrais; ils coûtent moins cher et produisent un meilleur effet. Avant de donner du fumier à la vigne, donnons-lui d'abord de la terre végétale et, si le sol est neuf, elle s'en contentera pour longtemps.

Comme amendement, la terre neuve bien gazonnée telle que la terre de pré ou de friche, mise en ronde et bien mûrie, est la plus convenable pour les terrains perrucheux, et généralement pour tous les sols qui manquent de profondeur.

Les calcaires tendres, tels que les débris de rochers pourris, marnes ou vidanges extraites des caves, débris de vieilles démolitions conviennent pour tous les terrains froids et aquatiques, ils les réchauffent et les rendent plus commodes à cultiver. Quand la terre végétale est trop forte, elle a besoin d'être dominée par des matières légères qui la divisent et l'ameublissent, telle que la falaise ou les amas d'alluvions sableuses. Dans tous les sous-sols où l'argile fait complétement défaut, un rechargement fait avec de la terre un peu argileuse produira toujours un bon effet et d'ailleurs, pour conclure, ne ferait-on que changer la terre de place, bonne ou mauvaise, les résultats seront favorables à la vigne et ne se feront pas attendre longtemps. Ainsi, dans les vignes plantées en cheintres, le travail est peu coûteux : après avoir détourné le cépage, le tombereau conduit les amendements qui sont ensuite répandus à la pelle, et la charrue se charge de les mélanger avec la terre végétale en faisant la culture.

RELEVAGE DES VERGES A FRUITS

X.

Dans les vignes en cheintres, comme dans les vignes en plein, le relevage des verges se fait chaque année pour empêcher le fruit de pourrir, quand la terre est trop humide, ou de griller, quand elle est trop aride et le soleil trop ardent.

Pour cette opération, on se sert ordinairement de petites fourches ou *fourchines*, appelées aussi *piquettes* dans d'autres localités, et que les vignerons fabriquent eux-mêmes avec des branches d'arbres détaillées et réglées sur la mesure moyenne d'environ quarante centimètres, en utilisant toutes les bifurcations pour en faire de petits *fourchons* de trois ou quatre centimètres de longueur, destinés à recevoir le corps de la verge et supporter son fruit.

Le bout qui doit être planté en terre est toujours aiguisé comme celui d'un petit échalas, pour rendre le piquetage plus facile quand la terre est sèche.

Lorsqu'on a besoin de fourchines, on élague le premier arbre venu et l'on en fabrique, sans se préoccuper de savoir si le bois est bon ou mauvais. On en fait aussi avec les vieux cercles de futailles que le tonnelier a mis au rebut, en qu'on coupe par longueurs; mais d'autres, plus intelligents, se procurent de la perche de chataignier, d'accacia, de tremble ou de marsaule, qui sont les meilleures essences et qui durent le plus longtemps, et ils font fabriquer en hiver, en coupant les perches par petites longueurs de trente à cinquante centimètres, pour les fendre par petits quartiers

- d'environ trois ou quatre centimètres de diamètre ; après les avoir affilés par le bout qui doit être piqué en terre, on aplatit l'autre bout, et soit à la scie, soit avec une petite gouge un peu plus grosse que le doigt, on fait une entaille à l'extrémité supérieure, pour recevoir la verge à fruit qui doit y rester fixée.

Les propriétaires qui ne veulent pas entrer dans les détails de la fabrication, achètent leurs fourchines sur le marché ; car au moment des relevages, c'est un petit commerce qui est assez lucratif pour les vendeurs, surtout quand la vigne promet beaucoup, mais peu avantageux pour les acheteurs, car elles sont presque toujours fabriquées avec de mauvais bois. Aussi, un propriétaire intelligent fait toujours fabriquer ses fourchines en hiver et par lui-même avec de bon bois, tenant toujours son magasin bien garni pour ne pas être pris au dépourvu.

Autrefois, pour relever les fruits de la vigne et soutenir ses pampres, on se servait d'échalas ; mais dans les vignes en cheintres, on ne sert que de petites fourchines. Le travail marche plus vite et les matériaux coûtent moins cher : on peut se procurer des fourchines sur les marchés de 8 à 10 francs le mille, en temps ordinaire ; et, pour ceux qui fabriquent par eux-mêmes, elles ne coûtent pas plus de 5 francs le mille.

Quand il n'y a qu'une récolte ordinaire, il en faut environ dix mille à l'hectare et, si on les porte à 6 francs le mille, c'est, par hectare une dépense de 60 francs, à laquelle il faut ajouter l'entretien de chaque année, car il y a toujours du coulage et de l'usure ; mais ce n'est rien en comparaison de ce que coûtait autrefois le relevage fait avec des échalas.

Pour fabriquer les fourchines, on se sert de la serpe ou d'un petit gouet et, pour les distribuer dans les vignes, d'un panier long dont les deux bouts n'ont pas de rebords. Il est ordinairement fabriqué avec des tringles à claire-voie, et de grandeur à contenir environ un cent de fourchines.

Depuis la floraison de la vigne jusqu'à la maturité de son fruit, on peut en faire le relevage, mais habituellement on ne passe que deux fois dans les vignes : le premier relevage se fait au moment de la fleur et à la suite de la dernière façon de terre ; le second ne se fait que quand le raisin commence à tourner, c'est-à-dire pendant la maturation; car il n'est pas toujours prudent de le mettre à découvert auparavant : on pourrait s'exposer à le voir rôtir au soleil.

Le travail est ordinairement fait par des femmes et à la journée; mais il n'est jamais si bien fait que par les vignerons, qui savent toujours mieux orienter les verges et garantir le fruit du soleil pour l'empêcher de griller.

Au premier relevage, on ne doit employer que les plus petites fourchines, car le raisin a besoin de rester très-rapproché de la terre jusqu'au moment de la maturation et doit aussi, autant que possible, rester couvert par les pampres et le feuillage de la vigne.

Pour relever un cep de vigne en cheintres, on commence par poser deux ou trois fourchines, des plus courtes, sous le membre principal, à une certaine distance les unes des autres, et on les enfonce de plusieurs centimètres en terre en appuyant fortement sur le bout supérieur avec le talon de la main droite, tandis que la main gauche soulève le membre principal et le pose sur l'entaille des fourchines ou sur les petits fourchons. Ensuite on soulève à peine, les unes après les autres, toutes les verges fruitières, et on pose, sous chacune d'elles, une ou deux fourchines, suivant la longueur de chaque verge et, autant que possible, en orientant le dessous des verges la face vers le nord-est, pour les garantir du soleil et même quelquefois un peu de la grêle, de manière que le fruit se trouve légèrement suspendu entre la verge et la terre : l'une le protége de ses pampres et de son feuillage, tandis que l'autre lui renvoie la chaleur dont il a besoin, sans qu'il soit exposé aux rayons du soleil qui pourraient le ternir avant sa maturité.

Le second relevage se fait ordinairement dans la première quinzaine de septembre et même quelquefois à la fin d'août, suivant la précocité des années, mais toujours quand le raisin commence à tourner ou à changer de couleur; c'est-à-dire au commencement de la maturation, et on procède de la même manière qu'au premier relevage; mais le fruit doit être relevé un peu plus haut et mis plus à découvert, de manière que le soleil puisse lui apporter, avant sa maturité, la couleur, le sucre et l'alcool qui lui sont absolument nécessaires pour donner au vin toutes ses qualités. Pour obtenir ce résultat, on est souvent obligé d'avoir recours à l'épamprement et à la suppression des bourgeons jugés inutiles pour la taille de l'année suivante.

Au second relevage, toutes les verges dont le fruit ne touche pas la terre n'ont pas besoin d'être relevées de nouveau, elles ont seulement besoin d'air et de lumière, mais celles dont le fruit touche la terre doivent être relevées sur des fourchines plus hautes, de manière que le raisin reste en bon état de conservation jusqu'au moment de la vendange, car c'est une des premières conditions pour avoir du bon vin.

Après vendanges, quand les feuilles de la vigne sont tombées, on ramasse toutes les fourchines et on les place par petits tas dans la vigne, où on les lie par bottes d'un cent pour les rentrer au magasin pendant l'hiver et jusqu'à l'année suivante.

En terminant ce chapitre, nous représentons, Fig. 9, un cep chargé de son fruit et relevé sur des fourchines au moment de la maturité du raisin.

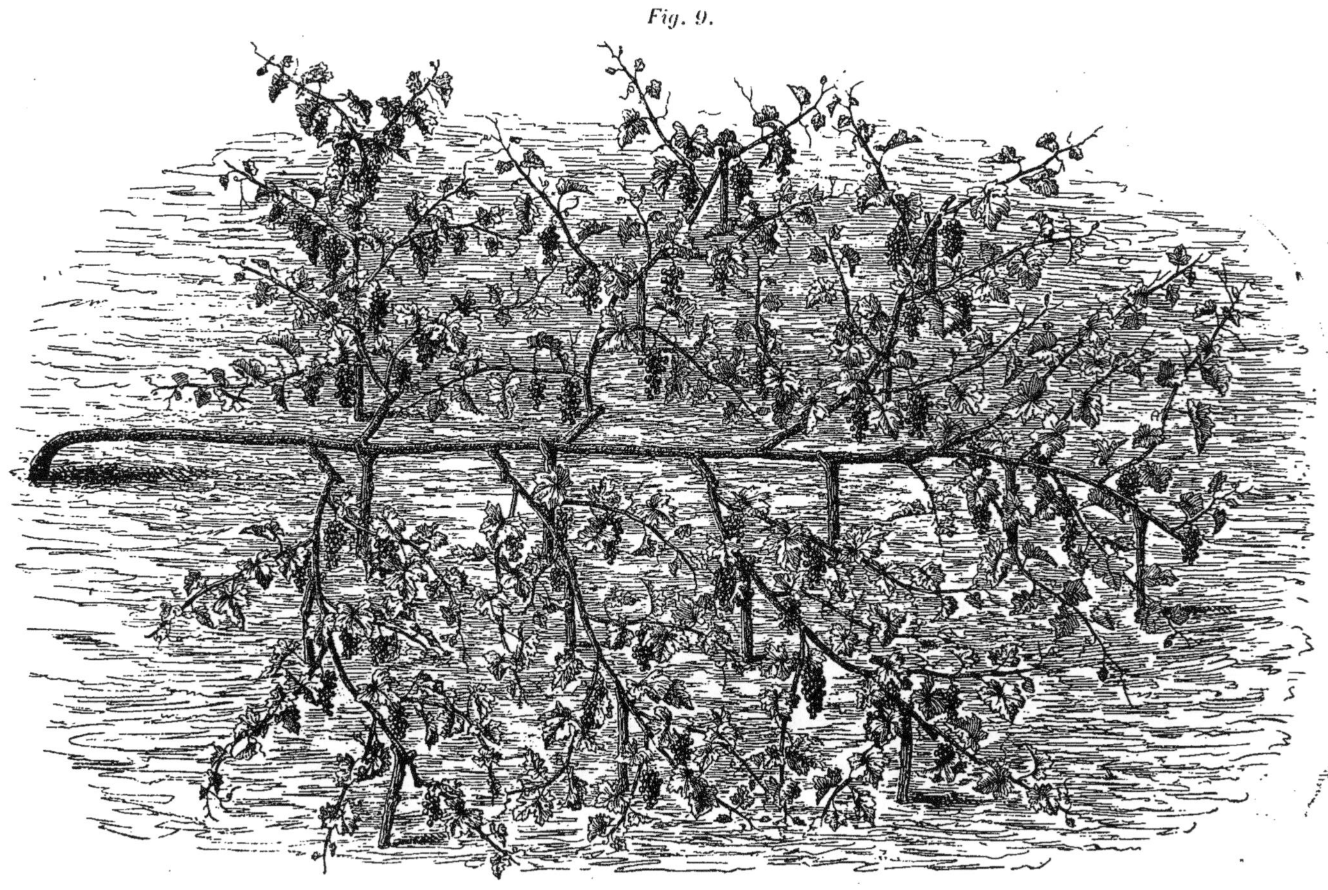

Fig. 9.

TRANSFORMATION

DES

VIGNES PLEINES EN CHEINTRES

———

XI.

Pour convertir les vieilles vignes plantées en plein au régime
de la culture en cheintres, de manière à pouvoir les cultiver à la
charrue, on ne peut y arriver qu'à force de travail, d'engrais et d'a-
mendements, pour restaurer le sol qui se trouve épuisé par cette
ancienne culture et, malgré tous les sacrifices qu'on puisse faire,
on n'obtiendra jamais les mêmes résultats en une plantation faite
sur un terrain neuf.

Est-ce à dire qu'on doive renoncer à la transformation ? — Non.
La vieille vigne transformée en cheintres, malgré la destruction
d'un grand nombre de ceps, donnera encore plus de vin qu'auparavant, car on aura l'avantage de pouvoir conduire avec la voiture,
entre toutes les cheintres, des engrais ou des amendements qui
ne tarderont pas à y attirer toute la racine des ceps réservés et à
leur faire, développer des membres principaux qui couvriront le
terrain vide avec leurs verges à fruits et remplaceront avantageu-
sement les ceps arrachés, tout en permettant à la charrue de
s'y introduire, après le détournement du cépage, pour enfouir la
culture.

Dans les vignes pleines dont les rangs de ceps sont bien en ligne,
la transformation n'est pas difficile : il n'y a qu'à choisir les rangs
qu'on veut réserver en prenant pour règle la largeur ordinaire

des cheintres et en arrachant ensuite tous les autres rangs sans exception ni réserve.

Dans les anciennes vignes qui ont été provignées ou mal plantées et dont il est impossible de retrouver aucune ligne de plantation, la transformation est beaucoup plus difficile. On est obligé de partager le terrain avec des jalons pour établir des lignes suivant la largeur qu'on veut donner à ses cheintres, et tous les ceps les plus rapprochés de chaque ligne doivent être réservés sur environ un mètre de largeur, tandis que tous les autres doivent être impitoyablement arrachés pour permettre à la voiture de conduire les engrais et à la charrue, de cultiver le terrain vide et d'y faire, la première année, une emblavure en attendant le développement des membres principaux, qui n'aura lieu que l'année suivante.

Pour bien attirer sur le terrain vide tous les membres principaux des ceps réservés, le meilleur moyen est de supprimer et de rabattre sur la souche tous les vieux membres, de manière à rajeunir le cep par des rejetons qui partiront de la terre, à la base de la souche, et qui donneront des sarments d'une grande vigueur, qu'on utilisera en faisant la taille de manière à couvrir le terrain promptement. Ils formeront de jeunes membres principaux faciles à diriger, tout en restant flexibles et plus commodes à détourner en faisant la culture; mais, comme tous les ceps ne se trouvent point exactement en ligne, la charrue laissera plusieurs rangs de marrage à faire.

Afin d'éviter cet inconvénient, on peut encore, dans certains terrains, provigner les vieux ceps qu'on aura réservés, en faisant disparaître la souche sous terre et en conservant seulement un ou deux sarments qui peuvent être facilement couchés en ligne et espacés suivant la distance de plantation indiquée pour la forme qu'on se propose de donner à ses cheintres, comme dans une jeune plantation et en suivant les mêmes principes que nous indiquons au chapitre de la taille.

Le provignagne des vieux ceps, pour les remettre en ligne, est difficile et coûteux. Il n'est guère praticable que dans les terrains sableux et perrucheux, c'est-à-dire dans les terrains où la racine ne se trouve pas placée au collet du cépage, ce qui permet de pouvoir renverser la souche et de l'enfouir en terre ; mais dans les terrains où les grosses racines se trouvent placées au collet de la souche et au niveau du sol, il est impossible d'opérer sans les détruire, ce qui réduit de beaucoup la vigueur du sujet, rend le travail plus difficile et la réussite moins certaine. En pareil terrain, mieux vaudrait peut-être déchausser les souches et les trancher à dix ou quinze centimètres au-dessous du sol, de manière à ne pas être touchées par le soc de la charrue : le tronçon resté en terre ne manquera pas de donner des rejetons qu'on pourra facilement coucher en ligne, sans avoir besoin de renverser la souche dans une grande fouille ; de petites tranchées seront suffisantes et, en ayant soin de les remplir de fumier ou de terre neuve pour faire développer les jeunes racines, l'opération réussira tout aussi bien et le travail sera moins difficile et moins coûteux, tout en donnant les mêmes résultats. Ils ne seront certainement pas ceux d'une nouvelle plantation faite en terre neuve, mais ils pourront du moins donner toutes les facilités de culture et d'amélioration, deux choses qu'il faut obtenir à tout prix, pour se soustraire au transport des engrais à somme, à la lenteur et à la mauvaise culture du pic qui devient trop exigeant, outre sa petite vitesse qui n'est plus en rapport avec tous les besoins de notre temps.

PRODUCTION ET CONCLUSION

XII.

La vigne cultivée par cheintres produit-elle plus que plantée en plein?

Pour tous les cépages vigoureux plantés en terre neuve, on peut répondre affirmativement; mais, pour les espèces peu vigoureuses et trop fertiles, la vigne cultivée en plein donnera autant de vin qu'en cheintres. La raison en est bien simple : c'est que moins l'espèce est vigoureuse et moins le cépage exige de développement pour se mettre à fruit; aussi les espèces trop fertiles peuvent donner beaucoup de vin avec une plantation serrée et une taille très-rapprochée, quand le sol n'est pas trop riche.

Mais la culture par cheintres, avec une taille bien raisonnée, donne satisfaction pour tous les cépages et même dans presque tous les terrains, tandis que la culture en plein ne peut produire autant qu'avec des cépages souvent trop fertiles pour donner du vin de bonne qualité, et encore faut-il bien choisir l'exposition du terrain.

Les cheintres sont cultivées à la charrue, et les vignes pleines, avec le pic. La façon des premières ne coûte guère plus de cent francs l'hectare, et pour les autres, les vignerons exigent jusqu'à cent cinquante francs pour faire la taille et les façons de terre seulement. Dans les vignes pleines bien entretenues, la production moyenne ne peut dépasser quarante à quarante-cinq hectolitres à l'hectare, tandis que, dans les cheintres, elle peut bien, sans exagération, être portée de soixante-dix à soixante-quinze hectolitres.

Pour expliquer cette différence, il est juste de dire que la plupart des vignes pleines sont plantées sur des terrains déjà épuisés par d'anciennes cultures et qui ne produisent qu'à force d'engrais, tandis que les vignes en cheintres sont plantées sur des terrains neufs, où la vigne trouve ce qui lui est nécessaire pour vivre et elle produit beaucoup avec peu d'engrais.

Mais, à Chissay, les vignes pleines sont mieux favorisées par la nature du sol, qui est plus chaud et mieux exposé, ce qui les préserve souvent contre toutes les intempéries, tandis que les cheintres sont plantées sur des terrains froids et humides. Pour la vigne, qui exige tant de chaleur, si l'hiver et le printemps sont pluvieux et que la terre ne puisse pas se réchauffer avant la fin de juin, ce qui heureusement est un cas exceptionnel et fort rare, les cheintres, quand ce cas arrive à la suite d'une année d'abondance qui les a déjà épuisées, poussent difficilement dans un pareil sol, car la petite racine ne travaille pas; les suçoirs ne peuvent puiser assez de sève pour alimenter les jeunes bourgeons que la température seule fait naître, et pour arriver jusqu'à eux, la trop petite quantité de sève, sur un si long parcours, ne peut suffire, comme sur un cépage qui n'a aucun développement. La végétation s'arrête, le fruit passe à l'état d'avorton et la récolte est compromise : c'est la chaleur qui couve tout et qui fait tout éclore, tout prospérer et tout mûrir.

Malgré cela, en mettant les deux méthodes en présence l'une de l'autre, avec le même cépage planté dans le même terrain, déduction faite des frais de culture et d'entretien, la différence économique est assez claire et n'aurait plus guère besoin d'être expliquée, car la vue seule découvre le fait.

La culture en cheintres permet à la vigne de développer son arborescence suivant ses tendances naturelles et l'oblige à retenir son fruit; c'est le fond du principe; en y ajoutant la forme, on peut très-bien la cultiver à la charrue; sa plantation, faite par rangs largement espacés, réduit de beaucoup le nombre des chevelus et les frais de plantation, tout en offrant l'avantage de pouvoir cultiver

ver à la charrue et circuler avec la voiture. On peut également faire produire des cultures intercalaires, en attendant que la vigne soit en âge de donner du vin.

La taille est raisonnée d'après des principes élémentaires; elle donne la forme au cépage et le mécanisme qui lui permet de se détourner; elle rétablit l'équilibre entre tous les membres et fait passer la sève au profit du fruit.

L'ébourgeonnement fait sur la première verge, à la suite de la première taille, lance la sève à son extrémité supérieure et lui fait prendre un grand développement, tandis que son corps reste flexible.

En faisant chaque année la même opération sur les vieux ceps, on empêche la sève de prendre une fausse direction au détriment de la forme et du fruit, et le cépage conserve toute sa flexibilité pour le détournement.

Pour la direction des cheintres, les formes sont différentes; elles ont été combinées suivant le besoin de la petite ou de la grande culture, de la situation ou de la qualité du sol, de la vigueur ou de la fertilité du cépage; mais toujours de manière que la symétrie et la concordance règnent entre tous les membres principaux par l'uniformité du cépage, pour couvrir promptement toute la superficie du terrain, ne laissant d'autre vide que le petit sentier pour la circulation entre les cheintres.

C'est le détournement du cépage qui permet à la charrue de s'introduire dans les cheintres, et on l'obtient en faisant l'ébourgeonnement de la première verge sur environ un mètre, à partir de la souche, et, comme nous l'avons déjà dit, le corps du cépage reste toujours assez flexible pour être détourné d'une seule pièce avec tous ses membres et livrer passage à la voiture ou à la charrue.

En faisant la culture à la charrue, le travail marche plus vite et il est mieux fait qu'avec le pic, tout en coûtant moins cher.

Pour les façons annuelles comme pour la plantation et l'enfouissement des engrais, la charrue peut réduire le prix du travail au moins d'un grand tiers et c'est elle qui fait obtenir le plus d'économie sur le budget de la culture.

Le relèvement des verges à fruits, fait sur de petites fourchines, est plus simple et plus économique qu'avec des échalas ou du fil de fer, et il est plus naturel, parce que tous les bourgeons poussent en plein air et en pleine liberté, ce qui contribue beaucoup à la bonne constitution des cossons; tandis que si les bourgeons sont enveloppés par des ligatures autour d'un charnier, tous les jeunes cossons qui se trouvent privés d'air et de lumière finissent par s'annuler, et les verges à fruits s'en trouvent en partie dépourvues quand on fait la taille.

La transformation des vieilles vignes au régime de la culture en cheintres, dans tous les terrains où la charrue peut pénétrer, a pour but de réduire le travail du pic, et d'épargner beaucoup, d'engrais, en demandant à l'étendue du sol le parcours de la racine qu'on attire assez vite par de simples amendements et à peu de frais, et au bout de quelques années l'espace vide se trouve recouvert par de nombreuses verges à fruits: car le bois de la vigne suit toujours le parcours de sa racine

Pour conclure avec la culture de la vigne, au point de vue de l'économie et de la production, on doit toujours, de préférence, la planter dans un terrain neuf pour éviter les frais d'amélioration, et la cultiver à la charrue pour épargner les bras tout en marchant plus vite. Faire produire beaucoup et à bon marché pour vendre un peu moins cher; c'est dans l'intérêt commun du producteur et du consommateur: car le vin est aujourd'hui un aliment de première nécessité et la viticulture peut être considérée comme la *troisième mamelle* de la France.

FIN.

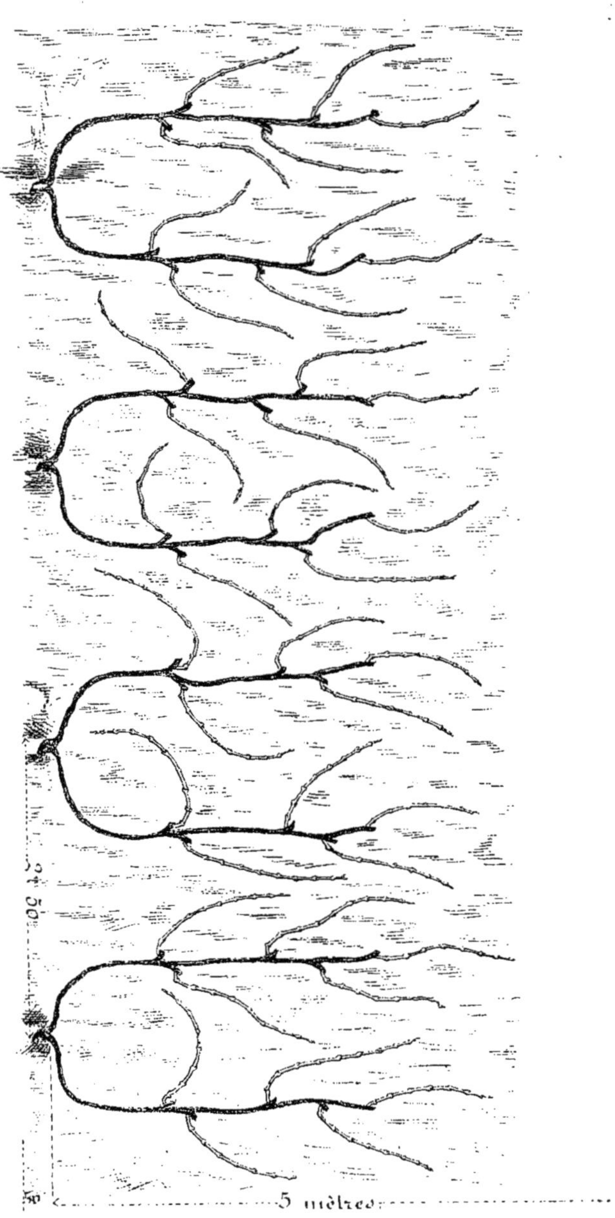

Voir la description page 74

Planche 2.

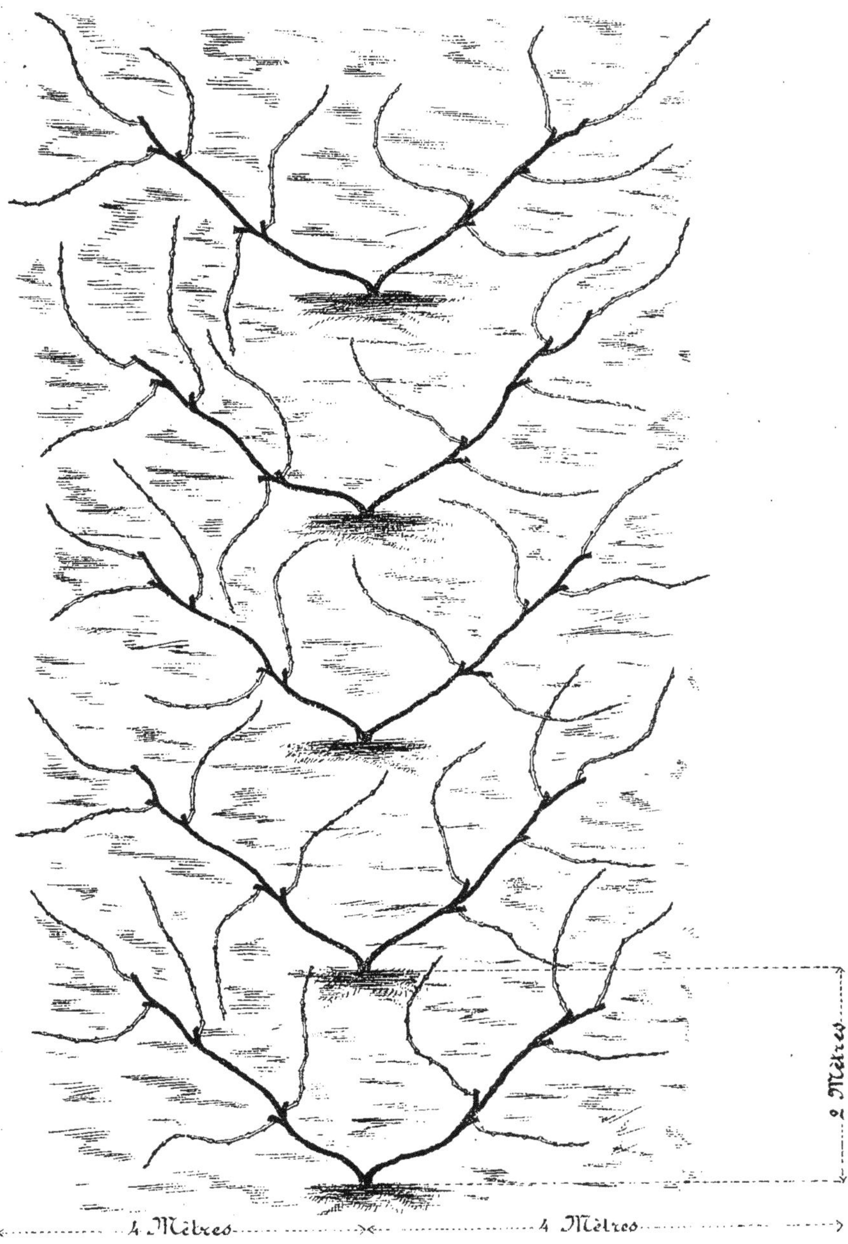

Voir la description page 75

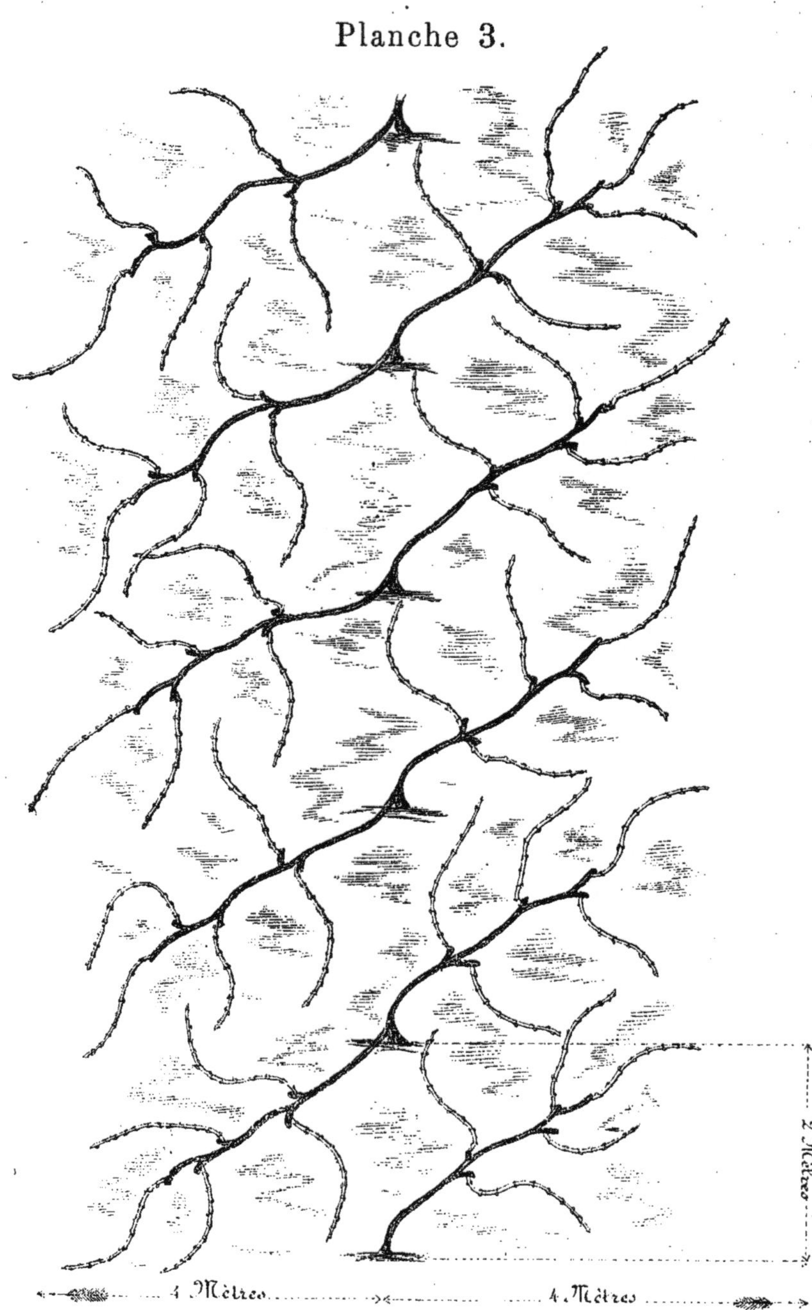

Voir la description page 76

Pla che 7.

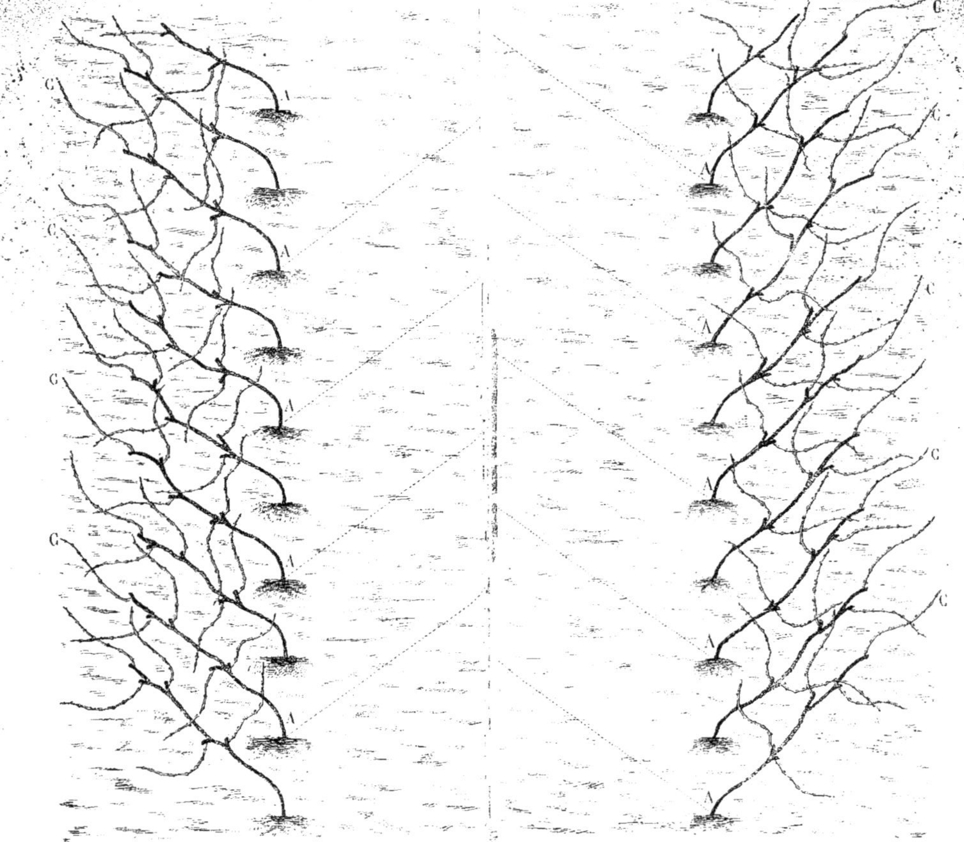

Deux Obliques Doubles, redoublées sur elles-mêmes et dé... o pour labourer la cheintre entre les deux rangs de vignes.

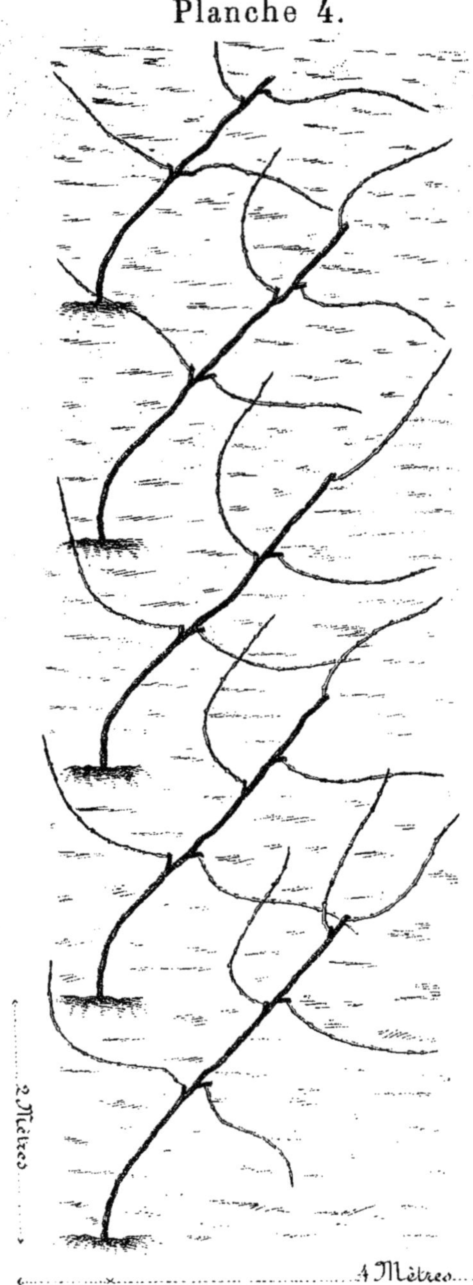

Voir la description page 77

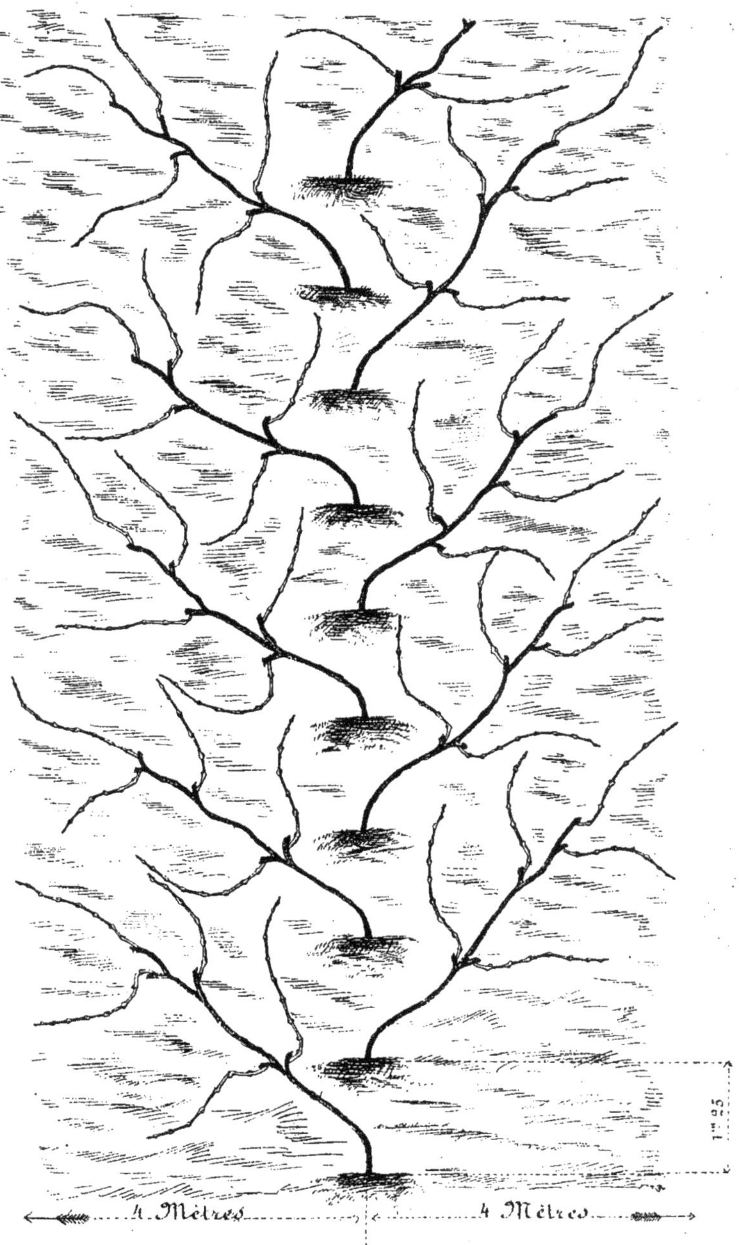

Voir la description page 78

Planche 6.

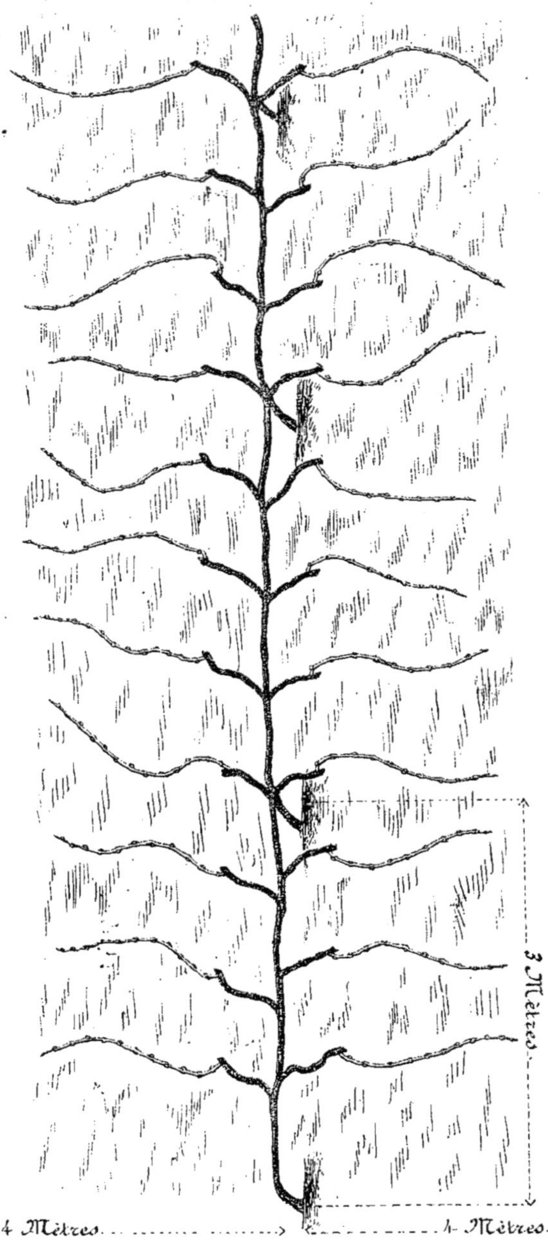

Voir la description page 80

TABLE DES MATIÈRES

Tours — Imp. et Lith. JULIOT, rue Royale, 53.